화이트 스카이

화이트 스카이

UNDER A WHITE SKY

엘리자베스 콜버트

김보영 옮김

나의 아들들에게

최재천

이화여자대학교 에코과학부 석좌교수
생명다양성재단 이사장

지구의 역사를 돌이켜보면 다섯 번의 대멸종mass extinction 사건이 있었다. 그중 가장 규모가 컸던 사건은 2억 4500만 년 전에 일어났는데 당시 해양 생물종의 90%가 사라졌고, 가장 최근은 6500만 년 전 공룡을 싹쓸이한 사건이었다. 이 다섯 대멸종 사건은 모두 천재지변에 의해 일어났기 때문에 지구촌 곳곳에서 간헐적으로 들려오는 멸종 소식에 그리 괘념하지 않던 어느 날, 지금 우리 곁에서 조용하게 그러나 확실하게《여섯 번째 대멸종The Sixth Extinction》이 벌어지고 있다는 사실을 경고하며 퓰리처상을 거머쥐었던 저널리스트 엘리자베스 콜버트가 또 한 번 묵직한 책을 들고나왔다.

《여섯 번째 대멸종》에서는 수마트라코뿔소, 큰바다쇠오리, 황금두꺼비 등 멸종했거나 멸종 위기에 처한 생물들에 관한 안타까운 이야기들을 들려줬다면, 이번 《화이트 스카이Under a White Sky》에서는 주로 생태계의 불균형을 바로잡겠다며 호기롭게 덤볐다 감당할 수 없는 더 큰 재앙을 일으킨 현대인의 어리석음을 일깨운다. 아시아 잉어와 수수두꺼비는 하찮은 환경 문제 하나를 해결하려다가 '연쇄적 멸종 사태'를 불러일으킨 어처구니없는 일이었다. "선무당이 사람 잡는다"는 우리 속담은 바로 이럴 때 쓰는 말인 듯싶다.

하버드 대학교의 생물학자 고 에드워드 윌슨은 세상에서 가장 복잡한 시스템 둘 중 하나는 인간의 두뇌이고 다른 하나는 자연 생태계라고 규정했다. 수많은 학자들의 헌신적 연구에도 불구하고 우리가 자연 생태계에 관해 알고 있는 지식은 그야말로 새 발에 묻은 핏방울에 지나지 않는다. 하버드 대학교 환경센터 댄 슈래그 센터장은 우리가 아는 자연 세계의 이론에 따르면 우리의 방법이 제대로 작동할 것이라 확신하지만, 현실에서는 완전히 역효과를 낼 수 있다고 경고한다. 그는 우리가 옳은 일을 하고 있다고 생각하지만 "의도치 않은 결과가 문제"라고 지적한다.

그럼에도 불구하고 콜버트는 그레이트배리어리프를 되살려내려는 생태학자들의 노력을 칭송하고 태양 지구 공학의 기술 도전에 기대를 건다. 수질 오염을 줄이기 위해 화장실에 덜 가는 사람에게 보상을 줄 수는 없다. 지금 당장 우리가 탄소 배출을 완벽하게 통제하더라도 이미 배출한 양만으로도 앞으로 수십 년 동안 기후 변화는 어쩔 수 없이 벌어질 수밖에 없다. 그렇다고 탄소를 배출하는 모든 사람을 범죄자로 만들 수는 없다. 우리는 아직 일단 배출된 탄소가 대기 중에 누적되며 얼마나 오랫동안 머무는지 모른다. 콜버트는 이 상황을 욕조의 비유로 설명한다. 수도꼭지를 열어두면 욕조에 물은 계속 차오른다. 수도꼭지를 조금 잠그더라도 욕조의 물은 차오른다. 단지 천천히 차오를 뿐이다. 이미 "2°C짜리 욕조는 거의 가득 찼고, 1.5°C짜리 욕조는 거의 넘칠 지경"이다. 배출량 감축은 반드시 해야 하고 우리의 노력은 턱없이 부족하다. "우리가 배출량을 반으로 줄인다고 해도—그러려면 전 세계 인프라의 상당 부분을 재편해야 한다—CO_2 농도는 덜 빠르게 상승할 뿐 감소하지 않을 것이다."

콜버트는 우리에게 주어진 최선의 방법은 할 수 있는 모든 일을 다 하는 것이라고 설명한다. 탄소 배출량도 줄이고, 탄소 제거 활동도 하고, 지구 공학도 더 진지하게 고려해야 한다고 강조한다. 욕조에 차오르는 물만 걱정할 게 아니라 이미 욕조를 상당히 채운 물을 퍼내는 일도 시도해야 한다. 파란 하늘이 온통 하얗게 변하기 전에 그동안 저지른 과오를 씻는 노력도 기울여야 한다. 거듭 강조하지만, 어쩌면 우리에게 남은 시간이 얼마 없을지도 모른다. "하지만 인간은 창의적이다. 사람들은 미친, 그러나 대단한 아이디어를 내고 때로는 그런 아이디어가 실현되기도 한다."

이정모
국립과천과학관 관장

과학자들과 이야기하다 속 터지는 사람을 한두 명 본 게 아니다. 사람들은 과학자들에게 속 시원한 이야기를 듣고 싶어 한다. "A면 A다, B면 B다"라고 명확하게 이야기해주면 좋으련만 과학자들은 "모르겠다"란 말을 무척이나 맘 편하게 한다. 그게 아니라고 하더라도 "A일 확률이 크긴 하지만 B의 경우도 고려해야 한다"란 말도 참 쉽게 한다. 과학자들과 이야기하기 위해서는 명철한 두뇌가 아니라 끈기가 필요하다.

과학자들이 평소와는 다르게 급한 마음에 일반인을 설득하려 드는 주제가 있다. '기후 위기'가 바로 그것이다. 사실 그들도 최근에야 급해졌다. "작금의 기후 위기가 인간에 의한 현상이 아니라고 주장하는 논문은 접수하지 않겠다"고 선언한 과학 저널이 등장했다.

이젠 그런 한가한 소리를 들어줄 틈이 없다는 뜻이다. 한때 세상을 풍미했던 BBC 방송국이 제작한 다큐멘터리, 〈지구 온난화라는 대사기극The Great Global Warming Swindle〉(2007)을 들먹이는 사람도 이제는 없다.

오히려 지구 온난화 대신 지구 가열, 기후 변화 대신 기후 위기라는 분명한 명칭을 사용하자고 할 정도다. 그렇다. 이젠 지구 온난화 사실 여부를 따질 때가 아니다. 대책을 세워야 한다. 그런데 차분히 대책을 세우기에는 이미 늦었다. 우리는 시간을 너무 많이 허비했다. 우리에게 필요한 것은 당장 하는 행동이다.

《화이트 스카이》는 뭐라도 해보려는 사람들의 이야기다. 열정이 넘치지만 그만큼 걱정도 자아내는 사람들이다. 강 수역을 넘나드는 외래종 물고기를 차단하기 위해 전기 물고기 장벽을 세우고, 작은 서식지에 겨우 몇백 마리 남은 물고기 종 보존을 위해 콘크리트 크레바스를 세우고, 종 보존을 위해 진화를 일으키고, 유전자 드라이브를 연구하고, 공기 중의 이산화탄소를 제거하기 위해 수십억 그루의 나무를 땅에 파묻을 생각을 하고, 지구 가열을 막기 위해 태양을 어둡게 만들 고민을 하는 사람들의 이야기다.

목록만 봐도 의심의 여지가 많다. "저게 말이 돼?"라는 의문이 저절로 떠오른다. 하지만 평소처럼 "더 숙고하자"는 말이 입에서 쉽게 떨어지지 않는다. 오히려 "이거라도 해봐야 하는 것 아냐?"라는 생각이 든다. 문제는 자원이다. 문제는 돈이다. 그런데 세상에는 돈이 많다. 거기에 돈을 투자할 의지가 없을 뿐이다. 기후 위기를 극복하기 위해 지금 하고 있는 일들도 마찬가지다. 재생 가능 에너지로 전환하고, 에너지 제로 빌딩을 세우고, 토양에 탄소를 저장하는 일들은 기술의 문제가 아니라 의지의 문제다.

이제 우리는 후세에게 지구를 물려줄 수 있느냐 없느냐가 아니라 내가 지구에 살 수 있느냐 없느냐의 기로에 서 있다. 뭐라도 해야 한다. 무언가 하겠다는 사람에게 자원을 제공해야 한다. 하다못해 벽에 대고 소리라도 질러야 한다. 하늘이 하얗게 될지언정 살아남아야 한다.

이 책을 향한 찬사

지구의 위기를 해결하겠다는 인간의 노력이 예기치 않은 또 다른 문제를 불러올 수 있음을 직시하게 한다.
- 빌 게이츠

여행기이면서, 동시에 과학적 기록이고, 해설 저널리즘인 《화이트 스카이》가 보여주는 전문적이고 치밀한 콜라보에서 눈을 뗄 수 없다.
- 《워싱턴포스트》

인류가 전 지구적 문제 해결을 위한 기술적 방법에 집착하면서 실존적 사항을 무시하는 오만한 태도를 가지고 있었음을 날카롭게 지적하고 있다. 과연 인간에게는 이런 일을 할 권리가 있는지 돌아보게 된다.
- 《뉴욕타임스》

우리 앞에 놓인 결코 정상적이지 않은 현실을 놀랍도록 정직하게 보여준다.
- 〈네이처〉

더 나은 내일을 위한 변화의 가능성은 애초에 배제된 채 시작된 인류의 노력에 대한 끔찍하고도 현실적인 보고서.
- 《가디언》

엘리자베스 콜버트는 《화이트 스카이》를 통해 대단히 가치 있고 강렬한 독서의 시간을 선물했다. 그는 과도한 긴장감을 조성하지 않으면서도 우리가 완벽하게 균형 잡힌 자연으로부터 얼마나 멀어져 있는지 깨닫게 한다. 또한 우리가 계속해서 살아가야 할 지구의 미래를 위해 얼마나 먼 길을 가야만 하는지도 분명하게 말하고 있다.

– NPR

엘리자베스 콜버트는 모하비 사막에서 아이슬란드의 용암 지대에 이르기까지 세계 곳곳을 누비는 긴 여정으로 우리를 초대한다. 이를 통해 전 지구적 위기 해결을 위한 인간의 다양한 노력이 불러온 부작용과 윤리적 함의를 살펴보도록 하고 있다.

–〈네이션〉

우리가 지구를 제대로 이해하기 위해서는 탁월한 이야기꾼인 엘리자베스 콜버트의 글을 읽어야만 한다. 기후 위기를 해결하겠다고 나선 인간의 자만심과 어긋난 상상력을 블랙 코미디처럼 표현해낸 그의 탁월함에 무릎을 치게 된다. 그의 노력은 잠시 타오르는 불꽃처럼 잠깐의 위기 의식만을 불러올 수도 있지만, 더 나은 미래의 청사진이 될 수도 있을 것이다.

–〈롤링스톤스〉

엘리자베스 콜버트는 조각가 같은 섬세함으로 《화이트 스카이》를 집필해 기후 변화를 우리의 눈앞에 가져다 주고, 손끝에 느껴지도록 만들었다.
-〈와이어드〉

환경에 가해지는 인간의 영향에 대해 그 누구보다 집요하게 파고들었고 탁월하게 분석해온 퓰리처상 수상자 엘리자베스 콜버트의 역량을 고스란히 느낄 수 있는 책이다.
-〈릿 허브〉

과학자들이 이 행성을 '재설계'하기 위해 얼마나 노력해왔는지에 대해 놀라울 정도로, 때로는 무시무시하게 느껴질 정도로 철저하게 밝혀냈다.
-〈기즈모도〉

명쾌한 해설가인 엘리자베스 콜버트는 이 책을 통해 '문제를 해결하려는 사람들이 만들어낸 문제를 해결하고자 하는 사람들'을 보여주며 생태계를 운영하는 것보다 망가뜨리는 것이 얼마나 간단한 일인지 깨닫게 한다.
-〈북리스트〉

이미 황폐해진 우리 행성의 초상을 그린 이 책은 단락마다 엄청난 내용으로 채워져 있다. 우리 모두는 지금 당장 이 책을 읽어야만 한다.

- 〈커커스 리뷰〉

우리는 엘리자베스 콜버트의 뛰어난 몰입형 저널리즘 덕분에 전 인류가 직면하고 있고, 지금 이 순간도 진행 중인 지구의 변화를 피부로 느끼고 깨달을 수 있게 되었다.

- 〈퍼블리셔스 위클리〉

엘리자베스 콜버트는 어쩌면 상황이 달라질 수도 있다는 믿음으로 특효약을 제시하지 않는다. 대신 과거를 속죄하고 되돌릴 수 있는 시간이 남아 있기를 간절히 바라는 마음을 담고 있다. 또한 기술이야말로 우리 행성을 고칠 수 있다는 인류의 잘못된 믿음을 냉철하고 현실적으로 바라보게 만든다.

- 〈라이브러리 저널〉

일러두기

· 옮긴이 주는 방주 처리하고 "옮긴이"로 표기했다.
· 외래종 명칭은 환경부와 국립생태원의 유입 주의 생물 목록을 참고해 표기했다.
  한글 명칭이 없는 경우에 한해 음차해 표기했다.

강을

따라 내려가다

UNDER   A WHITE SKY

1

강은 훌륭한, 때로는 지나치게 훌륭한 은유를 제공한다. 미시시피강이 마크 트웨인에게 "가장 엄중하고 진지한 읽을거리"[1]였던 것처럼, 때로는 어두컴컴하고 숨은 의미로 가득하다. 강은 때로 반짝반짝 빛나고 거울처럼 맑다. 헨리 데이비드 소로우는 일주일 동안의 여행을 위해 콩코드, 메리맥강에 보트를 띄운 지 하루가 채 안 되어 물 위에 비친 그림자를 보며 상념에 잠겼다. 강은 운명을 상징하기도 하고 때로는 깨달음을, 또 때로는 몰랐으면 좋았을 사실과의 조우를 뜻하기도 한다. 《어둠의 심연》에서 말로는 이렇게 회상한다. "그 강 상류로 거슬러 올라가는 건 마치 초목이 우거진 태초의 세상으로 돌아가는 것 같았다네."[2] 강은 시간, 변화, 어쩌면 삶 자체를 상징할 수도 있다. "같은 강물에 두 번 발을 담글 수는 없다." 헤라클레이토스가 추종자 중 한 명이었던 크라튈로스(플라톤의 대화명.-옮긴이)에게 했다고 전해지는 말이다. 크라튈로스는 이렇게 대답했다고 한다. **"같은 강물에는 발을 한 번 담글 수도 없다."**

며칠 동안 내리던 비가 그치고 맑게 갠 아침 하늘 아래, 배는 강물 위를 떠가고 있다. 정확히 말하자면 강은 아니고 시카고 운하다. 운하는 약 50m 폭으로 곧게 뻗어 있다. 낡은 판지 색을 띤 강물에는 사탕 포장지, 스티로폼 조각이 둥둥 떠다닌다. 이날 아침의 운하 이용객은 모래, 자갈, 석유 화학 제품을 실어나르는 바지선들이다. 내가 탄 유람선, 시티리빙호만 예외다.

시티리빙호의 크림색 연회석 위에서 캔버스 어닝이 산들바람에 나부낀다. 선상에는 선장과 선주, '시카고강의 친구들'이라는 단체 회원들도 타고 있다. 회원들은 깔끔을 떠는 성격이 못 된다. 때로는 분변대장균군fecal coliform 검출을 위해 오염된 물에 무릎까지 담그기도 한다. 그러나 이번에는 그들이 한 번도 가보지 않은 운하 하구까지 우리 원정대를 데려갈 예정이다. 모두가 흥분해 있고, 솔직히 말하면 약간 긴장된다.

우리는 미시간호에서 시카고강 남쪽 지류를 지나 운하로 들어서서 서쪽을 향하고 있다. 시야에는 제설용 소금으로 만든 산, 고철 더미 언덕, 녹슨 선적 컨테이너가 차례로 지나갔다. 우리는 도시의 경계를 막 벗어나 세계 최대의 하수 처리 시설로 알려진 스티크니 하수 처리장의 배수관 언저리를 지난다. 시티리빙호 갑판에서 스티크니 처리장이 보이지는 않지만, 냄새로 알 수 있다. 대화의 주제가 최근의 폭우 이야기로 바뀐다. 지역의 수처리 시스템은 이 비를 감당하지 못했고, 이 때문에 '합류식 하수도 월류수combined sewer overflows, CSO'가 발생했다. 우리는 CSO가 강물에 어떤 '부유물'을 떠 웠을지 추측해본다. 누군가는 시카고강 화이트피시—다 쓴 콘돔을 가리키는 지역 속어—를 보게 될지 궁금해 한다. 그러는 사이에 유람선은 마침내 캘-새그Cal-Sag(Calumet-Saganashkee의 약칭.-옮긴이)라 고 불리는 또 다른 운하와 합류하는 곳에 다다른다. 강의 합류 지점에 있는 V자 모양의 공원에는 그림 같은 폭포가 있다. 우리가 지나온 모든 풍경과 마찬가지로 이 폭포도 인간이 만든 것이다.

시카고가 '넓은 어깨의 도시City of the Big Shoulders'(시카고의 별명.-옮긴이)라면 시카고 운하는 '특대형 괄약근'이라고 할 수 있을 것이다. 운하를 파기 전에는 도시의 모든 오물—인분, 가축 사육장에서 나오는 소나 양의 배설물과 썩어가는 동물 내장—이 시카고강으로 흘러들었고, 몇몇 지점에서는 오물이 너무 두껍게 쌓여 닭들이 발을 물에 적시지 않고 이쪽 둑에서 저쪽 둑까지 건너갈 수 있을 정도라고들 했다. 분뇨는 강을 따라 예나 지금이나 시카고의 유일한 식수원인 미시간호로 흘러들었다. 이 때문에 장티푸스와 콜레라가 주기적으로 창궐했다.

19세기 말 계획되어 20세기 시작과 함께 개통된 운하는 강의 흐름을 거꾸로 돌려놓았다. 시카고강은 도시의 배설물을 미시간호에 쏟아내는 대신 고개를 돌려 데스플레인스강을 향했고, 일리노이강, 미시시피강을 거쳐 멕시코만으로 흘려보냈다. 《뉴욕타임스》는 "시

카고강 강물이 액체가 되었다"는 소식을 전했다.[3]

시카고강 역류는 당대 최대의 공공사업이자 이른바 '자연 통제 control of nature'—비꼬는 의미가 아니다—의 교과서적인 예였다. 운하를 파는 데 7년이 걸렸고 메이슨 앤드 후버 컨베이어, 하이덴라이히 인클라인 등 완전히 새로운 장비들의 발명이 뒤따랐다. 이때 등장한 기술은 한데 묶여 '토목 기술의 시카고학파Chicago School of Earth Moving'로 불리게 된다.[4] 깎여 나온 암석과 토양은 총 3300만m³에 달했다. 어느 친절한 논평가가 계산한 바에 따르면, 높이 15m, 넓이 250만m²가 넘는 섬을 만들 수 있는 양이었다.[5] 강 덕분에 탄생한 도시가 이번에는 강을 새로 태어나게 했다.

그러나 시카고강 역류는 세인트루이스로 배설물을 내려보내기만 한 것이 아니라 미국 수문학의 약 3분의 2를 바꾸어 놓았다. 그것은 생태에 영향을 주었고, 생태의 변화는 재정에 영향을 주었으며, 이는 역류하는 강에 완전히 새롭게 또다시 개입할 수밖에 없도록 만들었다. 시티리빙호는 바로 그 현장으로 가고 있다. 우리는 조심스럽게 다가가지만 조심하는 데 한계가 있을 수밖에 없는 것이, 두 배 너비의 바지선 사이에서 거의 찌그러질 지경인 곳을 지나야 하기 때문이다. 갑판원들이 뭐라고 소리를 치는데, 알아듣기 힘들다. 그 뒤에 이어진 말은 알아들었지만 지면에 옮기기는 적합하지 않아서 생략.

강의 하류로 약 50km를 올라가자—강의 상류로 내려간다고 해야 하나?—목적지가 가까워졌다. 가까워지고 있다는 첫 번째 신호는 "경고: 수영, 다이빙, 낚시, 선박 계류 금지"라고 쓰인 거대한 레몬색 표지판이다. 곧바로 다음 표지판이 보인다. 이번에는 흰색 표지판에 이렇게 쓰여 있다. "모든 승객, 아동, 반려동물 감독 요망." 몇백 미터 더 가니 칵테일에 올린 체리 빛깔의 세 번째 표지판이 나타났다. "위험: 어류 차단용 전기 장벽 구역 진입. 감전 위험 높음."

너나 할 것 없이 휴대전화나 카메라를 꺼내 들고 강, 경고 표지판을 사진에 담는다. 물론 기념사진을 서로 찍어주기도 한다. 우리 중 누군가가 '전기 강'에 뛰어들거나 적어도 손 정도는 내밀고 어떻게 되는지 확인해야 하는 것 아니냐고 농담한다. 큰청왜가리 여섯 마리가 우리를 보고 저녁거리라도 기대하는 듯 모여들더니 학교 카페테리아에서 줄을 선 학생들처럼 강둑에 나란히 자리 잡는다. 우리는 또 카메라를 들이댄다.

❖

인간이 "온 땅과 그 땅 위를 기어다니는 모든 것"을 다스려야 한다는 예언(창세기 1장 26절.-옮긴이)은 사실로 굳어졌다. 무엇을 측정기준으로 삼든, 결론은 똑같다. 지금까지 인간은 지구상의 얼지 않은 땅 중 절반 이상[6]—약 7000만km²—을 직접적으로, 나머지의 절반은 간접적으로 변형시켰다. 우리는 전 세계 주요 강 대부분에 댐을 건설하거나 강의 흐름을 바꾸었다. 비료 공장과 콩과 작물은 나머지 육상 생태계를 모두 합친 것보다 더 많은 질소를 고정하며, 비행기, 자동차, 발전소가 배출하는 CO_2는 화산이 배출하는 CO_2의

100배에 달한다. 인간은 이제 일상적으로 지진을 일으킨다. (2016년 9월 3일 아침, 오클라호마주 포니를 뒤흔든 지진은 특히 피해가 막대했으며 640km 떨어진 아이오와주 디모인에서까지 확연히 느껴졌다.)[7] 순 생물량을 기준으로 삼으면 그 수치는 더 심각하다. 오늘날 인간과 야생 포유류의 생물량 비율은 8:1이 넘으며, 소, 돼지 등 가축의 무게를 더하면 그 비율은 22:1로 올라간다. 〈미국 국립과학원회보〉에 실린 한 논문에 따르면 "사실 인간과 가축의 총량은 어류를 제외한 모든 척추동물을 합친 것보다 크다."[8] 우리는 멸종의 주요 동인이 되었으며, 우리 때문에 새로운 종이 생겨나고 있을지도 모른다. 전 지구에 미치는 인간의 영향력으로 인해 우리가 살고 있는 지질학적 시대에 인류세라는 새로운 구분이 생겼다. 인류의 시대에 우리는 갈 곳이 없다. 아직 프라이데이(《로빈슨 크루소》에서 주인공의 하인이 되는 원주민.-옮긴이)의 발자국이 없는 가장 깊은 바다 밑 해구, 남극 빙상 한가운데도 예외가 아니다.

이러한 사태 전환에서 얻을 수 있는 교훈은 분명하다. 함부로 소원을 말하지 말라. 대기 온난화, 해양 온난화, 해양 산성화, 해수면 상승, 빙하 융해, 사막화, 부영양화는 우리 종이 거둔 성공의 부산물 중 일부에 불과하다. 지구 역사상 이같이 '전 지구적 변화'—그 실체에 비하면 밋밋한 표현이지만—라고 할 만한 일은 손에 꼽힌다. 그중 가장 최근에 일어난 것이 6600만 년 전에 공룡의 지배를 끝낸 소행성 충돌이다. 인류는 기후와 생태계에서 아날로그적 요소를 제거하고 있다. 아날로그 없는 미래를 만들고 있는 것이다. 여기까지만 보면 우리가 하려던 일을 축소하여 인간의 영향을 줄이는 것이 현명할 것 같다. 그러나 너무 많은 인간—이 책을 쓰고 있는 시점을 기준으로 거의 80억 명—이 이미 발을 들여놓아 버렸고, 되돌아가기에는 늦은 것으로 보인다.

다시 말해, 우리는 비 아날로그의 함정에 빠졌다. 통제가 낳은 문제는 더 큰 통제로밖에 해결할 수 없다. 이제 우리가 관리해야 할 대상은 (적어도 우리가 상상하기로) 인간과 별개로 존재하는 자연이 아니다. 지금 우리가 하는 일은 '다시 만들어진 행성planet remade'에서 시작해서 다시 처음으로 돌이키기 위한 노력이며, 자연에 대한 통제라기보다 자연에 대한 **통제를 통제**하려는 것이다. 먼저 강을 역류시키고, 전기를 흘려보내서.

❖

미국 육군 공병대 시카고 본부는 라살 스트리트의 신고전주의풍 건물에 있다. 건물 외벽에는 1883년 미국 전역의 시곗바늘을 맞추기 위한 표준시 협약이 체결된 장소임을 알리는 명판이 걸려 있다. 이 협약은 수십 개로 나뉘어 있던 지역 시간대를 네 개로 정리했고, 이에 따라 많은 도시가 '정오가 두 번 있는 날'을 맞았다.

토머스 제퍼슨 정권 아래 창설된 공병대는 대규모 개입을 전담해 왔으며, 파나마 운하, 세인트로렌스 해로, 보너빌 댐, 맨해튼 계획—공병대는 원자 폭탄 개발을 위해 사단을 하나 신설했는데, 프로젝트의 본래 목적을 위장하기 위해 이 사단을 맨해튼 지구라고 불렀다[9]—을 비롯해 그들이 투입된 여러 프로젝트는 세상을 바꾸었다. 공병대가 시카고 운하의 전기 장벽 관리처럼 인간이 만든 문제에 대해 역으로 대응하는 이차적 조치에 관여하는 일이 점점 더 많아지고 있다는 사실은 시대적 변화를 보여준다.

시카고강의 친구들과 함께 선상 탐방을 하고 얼마 지나지 않은 어느 날 아침, 나는 전기 장벽 책임 엔지니어 척 셰이를 만나러 공병대 시카고 사무소를 방문했다. 거기에 도착했을 때 가장 먼저 눈에 띈 것은 리셉션 데스크 옆에 놓인 잉어 모형이었다. 바위 위에 거대한 아시아 잉어 한 쌍이 있었다. 아시아 잉어가 으레 그렇듯이 눈이 머리 아랫부분에 있어서 마치 위아래가 뒤바뀌어 있는 것처럼 보였다. 플라스틱 물고기가 작은 플라스틱 나비들에 둘러싸인 기묘한 조합이었다.

셰이는 이렇게 말했다. "엔지니어링을 공부할 때만 해도 내가 물고기에 관해 고민하는 데 이렇게 많은 시간을 쏟으리라고는 상상도 못 했지요. 하지만 파티에서 화제로 삼기에는 꽤 괜찮은 이야깃거리랍니다." 셰이는 희끗희끗한 머리에 금테 안경을 쓴 자그마한 남자였고, 말로 풀 수 없는 문제를 다루는 데서 오는 소심함이 있었다. 내가 전기 장벽이 어떻게 작동하는지 묻자, 그는 악수를 청하듯이 손을 쑥 내밀었다.

"우리는 수로에 전기를 흘려보냅니다. 간단히 말하자면, 해당 지역 전체에 전기장이 만들어질 만큼의 전기가 물에 흐르게 하기만 하면 되는 것이죠." 셰이의 설명은 이렇게 시작되었다.

"상류에서 하류로, 또는 하류에서 상류로 이동하면 전기장의 세기는 점점 올라갑니다. 제 손이 물고기이고, 여기가 물고기 코라고 해 봅시다." 그는 중지 끝을 가리키며 말을 이어갔다. "그러면 꼬리는 여기가 될 겁니다." 그는 손바닥을 가리키고 나서 앞으로 뻗은 손을 좌우로 흔들었다.

"물고기가 헤엄을 치면 코와 꼬리에 서로 다른 전압이 가해지겠지요. 몸에 전류가 흐르게 되는 겁니다. 전기 충격이나 감전을 일으키는 것은 바로 물고기 몸속을 흐르는 전류입니다. 큰 물고기는 코와 꼬리 사이의 거리가 멀어서 전압 차이가 큽니다. 작은 물고기는 그 차이가 그렇게 크지 않으니까 충격도 덜하지요."

셰이는 물러나 앉으며 손을 내려놓았다. "다행스럽게도 공공의 적 1호인 아시아 잉어는 매우 큰 어종입니다." 사람도 꽤 큰데, 그렇다면? 셰이의 답은 이랬다. "사람마다 전기에 대한 반응이 다릅니다. 하지만 결론만 말하자면, 치명적일 수 있습니다."

셰이에 따르면 1990년대 후반 의회의 촉구 덕분에 공병대가 장벽 사업을 시작할 수 있었다고 한다. "의회의 요청은 그저 '뭐든 하라'라는 것이었습니다."

공병대에는 까다로운 임무가 부여되었다. 시카고 운하를 이동하는 사람과 화물, 폐기물은 방해하지 않으면서 물고기들만 지나가지 못하게 하라는 것이었다. 독성 물질 주입, 자외선 조사(照射), 오존 처리, 발전소 폐수를 이용한 물 가열, 초대형 필터 설치 등 공병대가 고려한 방안은 10가지가 넘었다.[10] 심지어 운하에 질소를 넣어

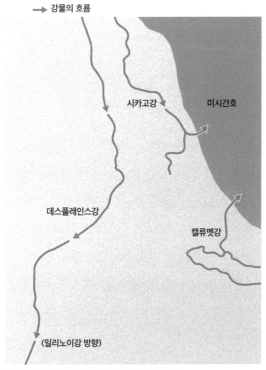

역류 전에는 시카고강의 강물이 미시간호로 흘렀다.

미처리 하수가 야기하는 것 같은 무산소 환경을 조성하는 방법도 검토했다. (이 최후의 수단이 탈락한 이유 중 하나는 하루에 25만 달러로 추정되는 비용 문제였다.) 전기 장벽이 채택된 것은 저렴하고 가장 인간적인 방법으로—희망 사항이지만, 장벽에 다가오는 물고기는 죽임을 당하기 전에 쫓겨날 터이므로—보였기 때문이다.

최초의 전기 장벽은 2002년 4월 9일에 가동을 개시했다. 퇴치 대상은 유럽둥근망둑round goby(농어목 망둑엇과에 속하는 어종.-옮긴이)이라

→ 강물의 흐름	■ 갑문

미시간호

시카고강

시카고 운하

데스플레인스강

캘류멧강

캘-새그 운하

◎ 어류 차단용 전기 장벽

(일리노이강 방향)

시카고 운하는 강의 흐름을 바꾸어 호수로 흐르지 않게 했다.

고 불리는 침입종이었다. 얼굴이 개구리를 닮은 유럽둥근망둑의 원
산지는 카스피해이며, 공격적으로 다른 물고기들의 알을 포식한다.
유럽둥근망둑은 미시간호에 정착했는데, 시카고 운하로 데스플레
인스강까지 진출할 위험이 있었다. 그렇게 된다면 일리노이강을 거
쳐 미시시피강까지 헤엄쳐 갈 수 있을 것이다. 그러나 프로젝트가
실행 단계에 이르기 전에 유럽둥근망둑은 이미 건너가 버렸다. 물
고기들이 다 빠져나간 후에 벽을 친 셈이었다.

그러는 동안 또 다른 침략자, 아시아 잉어가 반대 방향으로 이동하고 있었다. 미시시피강을 따라 시카고로 향하던 잉어들이 운하를 통과해버리면 미시간호에 엄청난 피해를 입힐 것이고, 피해는 슈피리어호, 휴런호, 이리호, 온타리오호로 걷잡을 수 없이 퍼져나갈 것이다. 미시간의 한 정치인은 아시아 잉어가 "우리의 삶을 망칠 수 있다"고 경고했다.[11]

셰이는 "아시아 잉어는 훌륭한good 침입종"이라고 말하고, 곧 부연했다. "'좋다'는 게 아니라 침입 능력이 '훌륭하다'는 뜻입니다. 다른 환경에 잘 적응하고 어디서나 번성하거든요. 그게 바로 아시아 잉어가 다루기 힘든 종인 이유입니다."

공병대는 운하에 두 개의 장벽을 더 설치했다. 추가된 장벽의 전압은 처음 것보다 훨씬 높았고, 내가 방문했을 때는 첫 번째 장벽도 더 강력한 버전으로 교체되어 있었다. 그들은 완전히 새로운 차원의 또 다른 싸움을 계획하고 있다고 했다. 그것은 큰 소음과 기포가 발생하는 장벽이었다. 이 장벽의 설치비용은 처음에 2억 7500만 달러로 추정되었는데, 이후에 7억 7500만 달러로 늘어났다.

셰이는 이렇게 덧붙였다. "하도 요란해서 '디스코 장벽'이라는 별명이 붙었답니다." 파티 같은 데서 농담 삼아 하기 좋은 일화라고 생각했다.

❖

사람들은 흔히 아시아 잉어를 단일 종처럼 말하지만, 이 용어는 네 가지 어종을 아울러 일컫는 말이다. 네 종 모두 중국이 원산지이며, 중국에서 '4대가어(四大家魚)'―유명한 4대 양식 어종이라는 뜻이다―라고 불린다. 중국인들은 13세기 이래로 이 네 어종을 연못에서 함께 길러 왔다. 이 관습은 "인류 역사상 최초로 기록된 다종 복합 양식integrated polyculture"으로 알려져 있다.[12]

이 네 종은 제각기 특별한 재능을 갖고 있으며, 그들이 힘을 합치면 판타스틱 4처럼 무적이 된다. 초어grass carp, *Ctenopharyngodon idella*는 수생식물을 먹는다. 백련어silver carp, *Hypophthalmichthys molitrix*와 대두어bighead carp, *Hypophthalmichthys nobilis*는 여과 섭식자filter feeder로, 입으로 물을 빨아들인 다음 빗 같은 구조의 아가미로 플랑크톤을 긁어낸다. 청잉어black carp, *Mylopharyngodon piceus*는 달팽이 같은 연체동물을 먹는다. 밭갈이를 하면서 나온 식물성 폐기물을 연못에 던져 넣으면 초어가 와서 먹고, 초어의 배설물은 조류 생장을 촉진한다. 조류는 백련어와 물벼룩 같은 작은 수생 동물을 먹여 살리고, 그 수생 동물은 대두어가 좋아하는 먹이다. 중국에서 이 시스템은 엄청난 양의 잉어 양식을 가능하게 하며, 2015년 기준으로 연간 생산량이 2200만 톤에 육박한다.[13]

인류세 특유의 아이러니가 여기서도 나타난다. 양식 잉어가 급증한 기간에 강물에서 자유로이 헤엄치는 잉어는 오히려 급감한 것이다. 양쯔강의 싼샤댐 같은 토목 사업들 때문에 민물고기가 산란에 어려움을 겪고 있다. 이처럼 잉어는 인간이 자연을 통제하는 도구인 동시에 그 통제의 희생양이다.

4대가어가 미시시피강까지 갈 수 있었던 데에는 인류세의 또 다른 아이러니인 '침묵의 봄'이 한몫을 했다.《침묵의 봄》초고 가제는 '자연의 통제The Control of Nature'였다.[14] 레이첼 카슨의 고발은 바로 자연을 통제 대상으로 보는 생각을 겨냥하고 있었다.

카슨은 이렇게 말한다. "'자연의 통제'라는 오만한 생각을 낳은 것은 자연이 인간의 편리를 위해 존재한다고 보던 구석기 시대의 생물학과 철학이다."[15] 제초제와 살충제는 "동굴에 사는 인간"이 할 수 있는 최악의 생각을 보여준다. 인간은 "생명의 얼개를 향해" 몽둥이를 든 것이다.

카슨은 무분별한 화학 약품 사용이 인간에게 유해하고 새들을 죽이며 온 나라의 하천을 "죽음의 강"으로 만든다고 경고했다. 그는 정부 기관들이 살충제와 제초제를 장려할 것이 아니라 금지해야 하며, "매우 탁월한 여러 대안"이 있다고 썼다. 카슨이 강력하게 추천한 대안 중 하나는 생물학적 제제였다. 예를 들자면, 원치 않는 해충을 없애기 위해 그 해충을 먹고 사는 기생충을 도입하는 식이다.

아칸소주에 있는 한 수산물 양식 연구소에서 미국의 아시아 잉어 역사를 연구하고 있는 생물학자 앤드루 미첼은 이렇게 설명했다. "그 책에서 문제 삼은 악당은 화학 약품이 거의 아무런 제한 없이 광범위하게 사용되고 있다는 점이었습니다. 특히 DDT 같은 염화탄화수소화합물이 문제였어요. 그게 이 모든 문제의 배경이 되었습니다. 어떻게 해야 이 엄청난 화학 약품 사용을 막고 그러면서도 통제력을 잃지 않을 수 있을까? 그리고 그것은 아마도 잉어 수입과 관련이 있을 것입니다. 잉어가 생물학적 방제 수단이었던 것입니다."

《침묵의 봄》이 출간되고 1년이 지난 1963년, 미국 어류및야생동물관리국이 아시아 잉어를 공식적으로 처음 들여왔다.[16] 카슨이 추천했던 방식대로 수생 잡초를 억제하는 데 잉어를 활용하려는 구상이었다. (이삭물수세미—이것도 외래종이다—같은 수생 잡초는 수영하는 사람이나 배가 지나가지 못할 정도로 호수와 연못을 막을 수 있다.) 이때 들여온 어린 초어는 아칸소주 스터트가트에 있는 어류 양식 시험장에서 사육되었다. 3년 후, 생물학자들은 시험장에서 초어 한 마리를 산란시키는 데 성공했고, 그 알들은 수천 마리의 치어가 되었다. 그리고 곧 일부가 탈출했다. 아기 잉어들은 미시시피강의 지류인 화이트강까지 헤엄쳐 갔다.

1970년대에 아칸소주 수렵및어로위원회는 백련어와 대두어의 활용 방안을 발견했다.[17] 당시에 지방 정부들은 새로 제정된 청정수법Clean Water Act에 따라 바뀐 기준을 적용해야 하는 압박을 받고 있었지만, 하수 처리 시설을 업그레이드할 여력이 없는 곳이 많았다. 수렵및어로위원회는 하수 처리장에 잉어류를 방류하면 도움이 될 것이라고 보았다. 잉어가 과잉 질소 때문에 번성하는 조류를 먹어 치워 양분 부하를 줄여주리라 기대했기 때문이다. 시험 삼아 리틀록 교외의 소도시 벤튼의 하수 처리장에 백련어가 방류되었다. 실제로 백련어는 양분 부하를 줄였다. 탈출하기 전까지는 말이다. 목격한 사람이 없으므로 탈출 방법은 아무도 정확히 알지 못한다.

"그때는 모두가 환경을 정화할 방법을 모색하고 있었습니다." 아칸소주 수렵및어로위원회에서 잉어를 연구하던 생물학자 마이크 프리즈가 당시 분위기를 설명해주었다. "레이첼 카슨은《침묵의 봄》을 썼고, 누구나 수중의 온갖 화학 물질에 관해 우려했어요. 비토착종에 관해서는 거의 걱정하지 않았지요. 불행한 일입니다."

❖

피투성이 잉어—주로 백련어—가 무더기로 쌓여 있었다. 수십 마리가 산 채로 배에 던져졌다. 나는 몇 시간을 지켜보면서 맨 밑에 깔린 고기들이 죽어가는 동안—보이지는 않았지만 죽었을 것이다—맨 위의 고기들이 헐떡거리며 몸부림치는 것을 보았다. 나는 잉어의 눈에서 비난의 눈초리를 느꼈지만 나를 볼 수나 있는지, 단지 내 감정을 투사한 것인지는 알 수 없었다.

시티리빙호 탐방 후 몇 주가 지난 어느 무더운 여름날 아침이었다. 나는 시카고에서 남서쪽으로 약 100km 떨어진 소도시 모리스의 어느 호수에서 헐떡거리는 잉어, 일리노이주에서 고용한 세 명의 생물학자, 어부 몇 명과 함께 배 위에 있었다. 호수에는 이름이 따로 없었는데 원래 자갈을 채굴하던 구덩이였기 때문이다. 탐방을 하려면 채굴장을 소유한 회사의 동의서에 서명해야 했다. 거기에는 어떤 화기도 소지하지 말고 담배를 피우거나 "화염이 발생할 수 있는 기기"를 사용하지 말라고 쓰여 있었다. 동의서에는 이 호수—또는 구덩이—의 윤곽 그림이 첨부되어 있었는데, 마치 어린아이가 그린 티라노사우루스 같았다. 티라노사우루스에 배꼽이 있다면 그 위치는 호수가 일리노이강으로 이어지는 수로 부근일 것이다. 그림을 보니 잉어가 이곳에 온 이유를 알 수 있었다. 잉어는 흐르는 물이 있어야─그렇지 않으면 호르몬을 주입해야─번식할 수 있지만, 산란기가 아니면 먹이 활동을 하기 좋은 고인 물을 선호한다.

모리스는 아시아 잉어와 벌이는 전쟁의 게티즈버그라고 할 만한 곳이었다. 도시의 남쪽은 잉어에게 장악당했지만, 북쪽은 잉어가 드물다(정확히 얼마나 있는지는 논란의 여지가 있다). 이 상태를 유지하기 위해 엄청난 시간과 돈, 많은 잉어가 희생되고 있다. 대형 잉어가 전기 장벽에 도달하지 못하게 하기 위한 '장벽 방어' 때문이다. 전기 장벽이 언제나 제대로 작동한다는 보장이 있다면 장벽 방어는 불필요하겠지만 셰이를 비롯해 공병대 담당자 중 어느 누구도 그 기술을 시험대에 올리고 싶어 하지 않는 것 같았다.

"우리의 목표는 잉어가 오대호에 접근하지 못하게 하는 것입니다."자갈 구덩이였던 호수에서 보트에 동승한 한 생물학자로부터 들은 말이다. "전기 장벽만 믿으며 손 놓고 있을 수는 없습니다."

어부들은 세 대의 알루미늄 보트에서 그날 아침에 설치한 수백 미터짜리 어망을 끌어올리고 있었다. 넓적머리동자개flathead catfish나 민물조기freshwater drum 같은 토종 물고기는 호수로 다시 돌려보내고 아시아 잉어는 보트 중앙으로 던졌다.

잉어는 끝도 없이 나오는 것 같았다. 내 옷과 수첩, 녹음기에까지 피와 점액이 튀었다. 어망은 끌어올리기가 무섭게 다시 설치되었다. 보트의 한쪽 끝에서 다른 끝으로 가려면 몸부림치는 잉어들을 헤치고 지나가야 했다. 소로우는 "물고기들이 울면 누가 들어줄까?"라고 물으며 그래도 "우리가 동시대에 살았다는 사실은 누군가의 기억에 남아 있을 것"이라고 했다.[18]

중국에서 이 어종을 유명하게 만든 특징이 미국에서는 오히려 악명을 떨치게 만들었다. 잘 먹은 초어는 35kg이 넘는다. 하루에 자기 몸무게의 절반에 달하는 양을 먹어치울 수 있으며 한 번에 수십만 개의 알을 낳는다. 대두어는 45kg까지 나가는 경우도 있다.[19] 대두어는 이마가 툭 불거져 있는 데다가 마치 원한이라도 품은 것 같은 모습이며, 위가 사실상 없어서 끊임없이 먹는다.

식욕이 왕성하기로는 백련어도 뒤지지 않는다. 유능한 여과 섭식자인 백련어는 4μm(가장 가는 머리카락 지름의 4분의 1)밖에 안 되는 플랑크톤을 거를 수 있다. 잉어가 나타나는 곳에서는 거의 언제나 토종 물고기와의 경쟁 끝에 잉어만 살아남는다. 저널리스트 댄 이건에 따르면, "대두어와 백련어는 생태계에 침입하는 것이 아니다. 그들은 생태계를 정복한다."[20] 현재 아시아 잉어는 일리노이강 어류 생물량의 4분의 3가량을 차지하며 일부 구역에서는 그 비중이 훨씬 더 높다.[21] 생태학적 피해는 어류에 국한되지 않는다. 연체동물을 먹이로 삼는 청잉어는 이미 멸종 위기에 처해 있는 민물홍합을 벼랑 끝으로 내몰고 있다.

미국 지질조사국의 아시아 잉어 전문 연구위원인 생물학자 두에인 채프먼을 만났다. "북미에는 세계에서 가장 다양한 종류의 홍합이 서식하고 있어요. 그런데 많은 종이 멸종 위기에 처해 있거나 이미 멸종했습니다. 지금 우리는 세계에서 가장 큰 멸종 위협에 시달리고 있는 연체동물에게 세계에서 가장 효율적인 민물 연체동물 포식자를 떠안긴 것입니다."

모리스에서 만난 어부 트레이시 사이드만은 피 묻은 멜빵 방수 작업복에 소매를 잘라낸 티셔츠를 입고 있었다. 볕에 그을린 한쪽 팔뚝에 새겨진 잉어 문신이 눈에 띄었다. 아시아 잉어가 아닌 일반 잉어라고 했다. 사실 일반 잉어도 침입종이다. 1880년대에 유럽에서 유입되었으며, 그때도 나름의 큰 혼란이 있었을 것이다. 하지만 오랜 시간이 지나면서 사람들에게 익숙해졌다. 사이드만은 어깨를 으쓱하며 말했다. "아시아 잉어를 새겨넣을 걸 그랬어요."

사이드만은 예전에 미시시피강과 그 지류가 원산지인 큰입북미잉어buffalo를 주로 잡았다고 했다. (큰입북미잉어는 잉어와 비슷하게 생겼지만 전혀 다른 종이다.) 그런데 아시아 잉어가 나타나면서 큰입북미잉어 개체 수가 급감했다. 현재 그의 주 수입원은 일리노이주 자연자원부와의 계약 어로다. 무례한 질문인 것 같아서 얼마나 받는지 직접 물어보지는 못했지만, 나중에 듣기로는 계약 어부가 한 주에 벌 수 있는 돈이 5000달러 이상이라고 했다.

날이 저물자 사이드만을 비롯한 어부들은 보트를 트레일러에 싣고 시내로 갔다. 잉어들은 보트에 그대로 실려 있었다. 더 이상 움직임이 없고 눈은 흐리멍덩해진 잉어들은 대기 중이던 세미 트레일러에 던져졌다.

이 장벽 방어 작업은 사흘 동안 계속되었다. 포획량 최종 집계는 백련어 6404마리, 대두어 547마리였다. 총 무게는 22톤이 넘었다. 물고기들은 서쪽의 공장으로 이송되었고 거기서 분쇄되어 비료가 되었다.

❖

미시시피강의 배수 유역은 아마존강과 콩고강 유역에 이어 세계에서 세 번째로 넓다. 그 면적은 300만km²가 넘으며 미국의 31개 주에 걸쳐 있고 캐나다 두 개 주 일부도 포함된다. 미시시피강 유역의 생김새는 깔때기를 닮았는데, 그 좁은 쪽 입구를 멕시코만에 담그고 있는 형상이다.

오대호의 배수 유역도 광대하다. 그 면적은 75만km²가 넘으며, 북미 담수 공급의 80%를 담당한다. 뚱뚱한 해마 모양의 오대호 수계는 세인트로렌스강을 경유해 대서양으로 흘러 들어간다.

이 두 개의 거대한 배수 유역은 서로 인접해 있지만 수생 생태계는 별개다. 적어도 과거에는 그랬다. 물고기(혹은 연체동물이나 갑각류)가 강을 끝까지 거슬러 올라간다고 해도 다른 수계로 넘어갈 방법이 없었다. 시카고가 운하를 파서 폐수 문제를 해결하자 문이 열리고 두 수생 권역이 연결되었다. 이것은 20세기 말까지 거의 문제가 되지 않았다. 시카고의 폐수가 흐르는 운하는 너무 독성이 강해 쓸 만한 통로가 못 되었기 때문이다. 청정수법 제정과 시카고강의 친구들 같은 단체들의 활동에 힘입어 상태가 개선되자 유럽둥근망둑

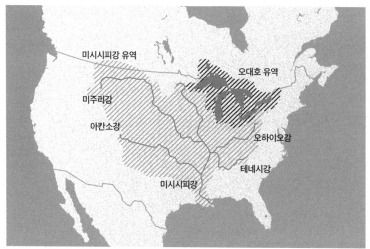

미시시피강 유역
오대호 유역
미주리강
아칸소강
오하이오강
테네시강
미시시피강

시카고강의 역류는 두 거대한 배수 유역을 연결했다.

을 비롯한 여러 생물이 빠져나가기 시작했다.

2009년 12월, 공병대가 운하에 설치된 전기 장벽 하나의 가동을 멈추었다. 정기적인 유지 보수를 위해서였다. 아시아 잉어는 최소 24km 떨어진 하류에 있는 것으로 추정되었지만, 일리노이주 자연자원부는 예방 조치로 독극물 7600리터를 물에 풀었다. 그 결과 2만 5000kg의 죽은 물고기가 나왔다.[22] 그런데 그중에 아시아 잉어 한 마리—길이 56cm짜리 대두어—가 있었다. 그물에 걸리기 전에 바닥에 가라앉은 사체도 많았을 것이라는 점에는 의심의 여지가 없었다. 그렇다면 아시아 잉어가 더 있지 않았을까?

인접한 주에서 격렬한 비난이 이어졌다. 국회의원 50명이 공병대에 유감을 표하며 "오대호 생태계에 아시아 잉어 유입보다 더 큰 위협은 없을 것"이라는 항의 서한을 보냈다.[23] 미시간주는 두 수계를 다시 분리하라는 소송을 제기했다.[24] 공병대는 여러 대안을 연구한 끝에 2014년에 232페이지에 달하는 보고서를 발표했다.

공병대의 결론은 다시 "수문학적 분리"를 단행하는 것이 오대호에 아시아 잉어가 유입되지 않게 하는 가장 효과적인 방법이라는 것이었다.[25] 그리고 그렇게 하는 데에 25년—운하를 파는 데 걸린 시간의 세 배—이 걸리며, 비용은 180억 달러에 달할 수 있다고 추정했다.

내가 만난 여러 전문가는 그만한 돈을 투입할 가치가 있다고 했다. 그들은 두 개의 배수 유역 각각의 침입종 목록—일부는 잉어처럼 의도적으로 유입되었지만, 대부분은 선박 평형수 등에 의해 우연히 유입된 것이다—이 있다는 점을 지적했다. 미시시피강 쪽의 침입종으로는 나일틸라피아, 페루수초, 중앙아메리카산으로 추정되는 시클리드가 있고, 오대호 쪽에는 바다칠성장어, 큰가시고기, 포스파인큰가시고기, 유라시아가시물벼룩, 피시후크물벼룩, 뉴질랜드우렁이, 유럽밸브달팽이, 유럽우렁이, 유럽산골조개, 흑등산골조개, 헨슬로산골조개, 미국가재, 블러드레드새우가 있다.[26] 이 침입자들을 통제하는 가장 확실한 방법은 운하를 막는 것이다.

그러나 "수문학적 분리"를 주장하는 사람 중 그 어느 누구도 그런 일이 실제로 일어나리라고 생각하지 않았다. 시카고의 물 흐름을 재정비한다는 것은 도시의 뱃길을 재편해야 하고, 호수 통제 체계를 재설계해야 하며, 하수 처리 시스템을 개조해야 한다는 뜻이었다. 여기에는 너무 많은 유권자의 기득권이 걸려 있었다. 분리를 요구했으나 결국 포기했던 한 그룹의 리더는 "정치적으로 불가능한 일"이라고 했다. 시카고강을 끼고 살아가는 사람들의 삶을 바꾸기보다는 전기, 기포, 소음, 그밖에 생각해낼 수 있는 모든 것을 동원해서라도 강을 바꾸는 편이 훨씬 상상하기 쉬웠다.

❖

내가 처음으로 잉어에게 얻어맞은 것은 일리노이주 오타와 인근에서였다. 마치 누가 위플볼(플라스틱 공과 배트를 사용하는 변형된 야구.-옮긴이) 배트로 정강이를 후려친 것 같은 느낌이었다.

사람들이 아시아 잉어에 관해 실제로 주목하는 것은 백련어가 글자 그대로 눈앞에 뛰어오르는 일이다. 배에 달린 모터의 진동은 백련어를 날뛰게 만드는 소음 중 하나이므로, 미국 중서부의 잉어가 밀집한 구역에서 수상 스키를 타는 것은 뜻밖의 익스트림 스포츠가 되었다. 백련어가 공중을 가르는 광경을 보고 있자면 물고기들의 발레를 보는 듯한 아름다움과 날아오는 화염을 마주하는 것 같은 섬뜩함이 동시에 느껴진다. 오타와에서 만난 한 어부는 날아오른 잉어에 부딪혀 의식을 잃었다고 했다. 또 다른 어부는 "거의 매일 일어나는 일"이라 잉어 때문에 부상을 입은 횟수를 셀 수도 없게 된 지 오래라고 했다. 한 여성이 잉어 때문에 제트 스키에서 떨어져 하마터면 죽을 뻔했는데 다행히 물 위에서 까딱거리는 구명조끼가 보트를 타고 지나가던 사람의 눈에 띄어 겨우 살았다는

전기 충격을 받은 백련어가 물 밖으로 튀어오르고 있다.

기사를 읽은 적도 있다.[27] 유튜브에는 곡예를 부리는 잉어 동영상이 "아시아 잉어의 재앙", "점프하는 아시아 잉어의 공격" 같은 제목으로 셀 수 없이 많이 올라와 있다. 일리노이강에서도 특히 잉어가 많은 구간 인근에 있는 배스라는 마을에서는 잉어 떼의 난동에 편승하여 전사의 복장을 하고 백련어를 잡는 '레드넥 낚시 대회'를 해마다 열고 있다. 이 대회의 웹사이트에서는 "보호 장비를 갖출 것을 적극 권장"하고 있다.

내가 잉어의 공격을 받은 것은 '장벽 방어'에 투입된 또 다른 하청 어부들과 일리노이강에 나갔을 때였다. 나 말고도 몇 사람이 더 따라나섰는데, 그중 한 명이 패트릭 밀스 교수였다. 밀스가 재직하는 졸리엣 주니어 칼리지는 공병대가 소음 및 물 분사 장벽 "디스코"를 세우고 싶어 하는 지점에서 불과 몇 킬로미터 거리에 있다. 그는 "졸리엣은 일종의 선봉대"라고 말한다. 그는 학교 이름이 새겨진 야구 모자 챙에 고프로 카메라를 달고 있었다.

나는 일리노이에서 아시아 잉어와의 싸움에 투신하기로 결심한 사람들을 몇 명 만났는데, 그들이 왜 그 힘든 길을 자처했는지 늘 의아했다. 밀스도 그중 한 명이었다. 그는 화학 전공자로서 잉어를 그물에 끌어들일 독특한 냄새의 미끼를 개발했고, 지역 제과업자의 도움을 받아 한 트럭 분량의 시제품을 제조했다. 설탕을 녹여 만든 벽돌 모양의 미끼였다. 밀스는 "맥가이버만큼 운이 따라야 가능한 작전"임을 인정했다.

이번 실험은 마늘 향이 나는 미끼를 사용했다. 살짝 맛을 보았는데, 마늘 향이 나는 졸리 랜처 사탕 맛이랄까, 어쨌든 불쾌하지 않았다. 다음 주에는 아니스(향신료로 쓰이는 미나릿과 식물.-옮긴이)로 실험할 것이라고 했다. 밀스는 아니스가 "강물에 아주 잘 어울리는 맛"이라고 했다.

밀스의 연구는 미국 지질조사국의 관심을 끌었고, 한 생물학자는 실험 과정을 직접 보려고 미주리주 컬럼비아에서 6시간을 운전해서 그곳에 왔다. 미끼 제조에 도움을 준 제과업자와 그의 아내도 동행했다. 시카고에서 약 130km 떨어진 이 지점의 일리노이강은 널찍하고 한가로웠다. 흰머리수리 한 쌍이 머리 위로 날아올랐고, 주변에서 강물 위로 뛰어오르던 물고기들은 이따금 배 위로 올라오기도 했다. 어부들에게는 그저 똑같은 근무일이었지만 그 외에는 모두가 축제를 즐기는 분위기처럼 보였다.

어부들은 며칠 전 윈드삭wind socks 모양의 통발 10여 개를 설치했다. (물이 흐르면 부풀어 오르고 물이 잠잠하면 오그라든다.) 통발 중 절반에는 밀스의 미끼 벽돌을 넣은 작은 그물 주머니를 달았다. 희망 사항은 미끼를 단 통발에 더 많은 잉어가 들어오는 것이었다. 어부들은 그들의 불신을 감추지 않았다. 한 어부는 나에게 잉어 사탕 냄새에 대한 불평을 늘어놓기도 했는데, 사실 죽은 물고기에서 나는 악취보다는 나았으므로 이해하기 힘든 불만이었다. 또 다른 어부는 이게 다 돈 낭비라며 눈살을 찌푸렸다.

어부 중에서도 가장 거침없었던 게리 쇼는 밀스에게 대놓고 말했다. "내 생각에는, 이건 말도 안 되는 일입니다." 설탕이 금방 녹아버릴 텐데 잉어가 어떻게 냄새로 미끼를 찾아오겠냐는 것이었다. 밀스는 완곡하게 대응했다. "아직은 아이디어 차원이지만, 이렇게 토론하면서 개선할 수 있겠지요." 통발을 모두 거두어들인 다음, 어부들은 포획물들을 세미 트레일러로 옮겼다. 이 물고기들도 비료가될 운명이었다.

❖

오대호로의 아시아 잉어 유입을 막을 아이디어는 잉어 숫자만큼이나 여러 가지일 수 있다. 일리노이주 자연자원부 수산 부문 부팀장인 케빈 아이언스는 매일 전화를 받는다고 했다. "모든 물고기가 뛰어 들어오는 바지선을 띄우자는 의견에서부터 공중을 날아다니는 칼을 만들자는 사람까지, 온갖 이야기를 다 들었습니다. 개중에는 상당히 사려 깊은 아이디어도 있지요.”

아이언스는 잉어 문제로 고심하는 데 근무 시간 대부분을 보낸다. 첫 전화 인터뷰 때 그는 이렇게 말했다. “그 어떤 아이디어도 곧바로 묵살하지 못합니다. 사소해 보이는 생각이 큰 관심을 불러일으킬지도 모르는 일이니까요.”

아이언스로서는 천적을 찾아내는 데 가장 큰 기대를 걸고 있다. 잉어 숫자를 확 줄일 만큼 거대하고 탐욕스러운 종이 무엇일까?

아이언스의 답은 이것이었다. “인간은 남획이라는 걸 할 줄 압니다. 어떻게 하면 그 재능을 활용할 수 있을지가 관건이지요.”

몇 해 전, 아이언스는 사람들이 잉어의 매력에 흠뻑—죽이고 싶을 만큼—빠지게 만들기 위해 한 행사를 마련했다. ‘잉어 축제CarpFest’였다. 나도 개막식에 참석했다. 개막식이 열린 장소는 모리스에서 멀지 않은 주립 공원이었다. 보트 출발 지점 근처에는 흰색의 초대형 천막이 있었는데, 그 안에서 자원봉사자들은 침입종이 그려진 온갖 종류의 기념품을 나누어주었다. 나는 연필 한 자루와 냉장고 자석, 《오대호의 침입자들》이라는 포켓 가이드, “수생 침입종에 맞서 싸우자”라고 쓰인 핸드 타월, ‘날아다니는 잉어를 피하는 팁’이 적힌 안내문을 집어 들었다.

일리노이주 자연사조사센터가 발행한 팁 안내문은 “옷에 ‘킬’ 스위치를 달 것”이라고 조언했다. “그러면 당신이 배에서 떨어지거나 튕겨 나갔을 때 배가 계속 나아가지 않게 할 수 있다.” 잉어로 반려

견용 간식을 만드는 회사는 무료 개껌을 나누어주었는데 박제한 뱀 같은 모양이었다.

한편에는 아시아 잉어가 어떻게 시카고 운하를 통해 미시간호로 빠져나가는지를 보여주는 대형 지도가 붙어 있었는데, 그 옆에 아이언스가 앉아 있었다. 건장한 체구의 아이언스는 흰 머리카락, 흰 수염 때문에 비수기에 낚시를 즐기러 나온 산타처럼 보였다.

그는 이렇게 토로했다. "오대호에 대한 사람들의 열렬한 사랑은 여전합니다. 하지만 그 생태계는 크게 바뀌었죠. 이제는 '사람의 손이 닿지 않은 청정 지대'라고 말하기가 조심스럽습니다. 이제는 사실 자연 그대로가 아니니까요." 오하이오 출신인 아이언스는 이리호에서 낚시를 하며 어린 시절을 보냈다고 했다. 최근 들어 이리호는 조류의 대량 증식에 시달리고 있으며 그 때문에 매우 넓은 범위가 꺼림칙한 녹색으로 변했다. 생물학자들은 아시아 잉어가 미시간호로, 거기에서 또 다른 호수들로 진출하면 녹조가 잉어들에게 화수분 같은 뷔페를 차려주는 셈이 될 것이라고 우려한다. 잉어의 게걸스러운 먹성이 조류 번식을 막는 데 도움이 될 수도 있지만 그러는 동안 월아이농어나 유라시아민물농어 같은 낚싯감이 희생될 것이다.

아이언스는 "이리호가 가장 큰 영향을 입을 것으로 보인다"고 했다.

우리가 이야기를 나누는 동안, 텐트 중앙에서는 거구의 한 남자가 거구의 백련어를 토막 내고 있었다. 사람들은 둘러서서 그 모습을 구경했다.

"보시는 것처럼, 이렇게 칼을 눕혀야 합니다." 클린트 카터라는 이름의 그 남자는 모여 있는 구경꾼들에게 작업 과정을 설명했다. 껍질을 다 벗기고 이제 옆구리살을 잘라내려는 참이었다.

"이 살을 갈아서 피시 버거 패티로 만들면 연어 버거와 똑같은 맛이 나죠."

물론 아시아에서는 수 세기 전부터 아시아 잉어를 즐겨 먹었다. 그 것이 바로 4대가어를 키운 이유이며, 적어도 간접적으로는 1960년 대 미국 생물학자들이 주목하게 된 이유이기도 했다. 몇 년 전 미국 연구진이 이 어종에 관해 자세히 알아보려고 상하이를 방문했을 때, 《차이나 데일리》는 "미국인에게는 독, 중국인에게는 별미"라는 제목 의 기사를 실었다.[28]

그 기사에 따르면, "중국인들은 이 맛있고 영양도 풍부한 생선을 고대부터 먹어 왔다." 뽀얀 빛깔의 잉어 수프와 칠리소스를 곁들인 잉어찜 등 먹음직스러워 보이는 요리 사진도 함께 실려 있었다. "중 국 문화에서 잉어 한 마리를 온전히 식탁에 내는 것은 부의 상징" 이라고도 했다. "대개 연회에서는 마지막에 생선을 통째로 조리한 음식을 낸다."

중국은 미국산 아시아 잉어의 확실한 시장이다. 그런데 아이언스 는 문제가 있다고 했다. 잉어를 수출하려면 냉동하는 수밖에 없는 데 중국 소비자들은 선어로 구매하는 것을 선호한다는 것이다. 한 편 미국인들은 가시가 많아서 질색을 한다. 대두어와 백련어에는 두 줄로 잔가시가 박혀 있는데, Y자 모양의 가시를 다 제거해 순살

필레를 만들기란 거의 불가능하다.

아이언스에 따르면 사람들은 '아시아 잉어'라는 말만 들어도 역겨워한다. 그러나 맛을 보고 나면 태도가 싹 바뀐다. 아이언스는 일리노이주 자연자원부가 박람회에서 열었던 잉어 핫도그 시식 행사를 회상하며 말했다. "모두가 좋아했어요."

스프링필드(일리노이주의 주도.-옮긴이)에서 어시장을 운영하는 카터도 잉어 요리 전도사였다. 그는 한 친구가 뛰어오르는 잉어에 부딪혀 코가 부러지고 눈 수술까지 하게 되었다고 했다.

카터는 잉어를 억제할 방법이 필요하다고 힘주어 말했다. "수천, 수만 톤을 잡아들이면 가능할 겁니다. 그렇게 할 유일한 방법은 수요를 창출하는 것이지요." 그는 늦여름의 무더위 속에서 직접 손질한 잉어 살에 빵가루를 묻혀 튀기고 있었는데, 이내 비지땀을 흘리기 시작했다. 튀김이 완성되고 주위에 모인 사람들에게 나누어 주자 호평이 이어졌다. "닭고기 같다"라고 말하는 어린아이 목소리도 들렸다.

정오 무렵, 흰 조리사 가운을 입은 한 남자가 텐트에 들어섰다. 그는 필리프 파롤라였고, 다들 그를 필리프 셰프라고 불렀다. 파롤라는 파리 출신으로 지금은 배턴루지에 살고 있는데, 자신이 개발한 획기적인 요리를 판촉하기 위해 12시간 거리의―파롤라는 10시간 만에 왔다고 했지만―일리노이 북부까지 운전해서 왔다.

파롤라는 두툼한 시가를 피우고 있었고, 그가 나누어 주는 기념 티셔츠에는 두툼한 시가를 물고 초조한 눈으로 프라이팬을 바라보는 잉어 그림이, 티셔츠 뒷면에는 "우리의 강을 구하자"라는 문구가 있었다. 그는 커다란 상자도 하나 가져왔다. 상자에는 "아시아 잉어 문제의 해법: 쫓아낼 수 없다면 먹어서 없애자!"라고 쓰여 있었고, 그 안에 든 것은 거대한 미트볼 모양의 어묵이었다.

"크림소스를 얹고 시금치를 곁들이면 애피타이저로 좋습니다." 파롤라는 어묵 접시를 나눠주면서 강한 프랑스 억양으로 말했다. "어묵 두 조각에 감자튀김과 칵테일 소스를 함께 내면 풋볼 경기장에 어울리고, 결혼식 피로연에서 뷔페 쟁반을 채울 수도 있죠. 상상을 초월할 만큼 다양하게 활용할 수 있답니다."

파롤라는 어묵 개발에 들인 시간이 거의 10년이라고 했다. 그 시간의 대부분은 Y자 모양의 잔가시와 씨름하는 데 보냈다. 특화된 효소와 아이슬란드에서 수입한 최신식 발골 기계를 시험해봤지만 잉어가 곤죽이 되고 말았다. "그걸로 뭔가를 요리해보려고 할 때마다 잿빛으로 변하고 파스트라미 맛이 났습니다." 최종 결론은 수작업으로 잔가시를 제거할 수밖에 없다는 것이었지만 미국의 높은 인건비로는 감당하기 힘들었다. 아웃소싱이 필요할 것 같았다.

파롤라가 축제에 가져온 어묵은 루이지애나에서 잡은 잉어로 만든 것이었다. 잉어는 냉동해 호치민시로 보내졌고, 거기서 해동, 가공, 진공 포장, 재냉동 과정을 거쳐 다시 뉴올리언스행 화물선에 실렸다. 잉어에 대한 미국인들의 반감을 감안하여 '실버핀silverfin'이라는 새 이름—그는 이 이름을 상표로 등록했다—도 지어주었다.

파롤라의 실버핀이 손가락만 한 치어였을 때부터 손가락으로 집어먹는 핑거푸드가 되기까지 얼마나 먼 거리를 여행했는지는 가늠하기조차 힘들지만, 최소 3만km는 될 터였다. 그들의 조상이 처음 미국에 왔을 때의 여정은 셈에 넣지도 않았다. 이것이 정녕 "아시아 잉어 문제의 해법"이란 말인가? 뭔가 찜찜했다. 하지만 어느덧 내 차례가 되어 어묵 두 개를 받아 들었는데 솔직히 아주 맛있기는 했다.

2

뉴올리언스 레이크프런트 공항은 마치 혀를 내민 듯 폰차트레인호 쪽으로 돌출된 매립지에 위치한다. 공항 터미널은 건물이 지어진 1934년에 한창 유행하던 화려한 아르데코풍으로 장식되어 있다. 현재 이 터미널은 결혼식장으로 임대되고, 활주로는 경비행기가 이용한다. 나는 잉어 축제가 있은 지 몇 달 후 4인승 경비행기인 파이퍼 워리어 조수석에 타고 그곳에 착륙했다.

조종사는 비행기 소유주이기도 하며 일에서 거의 손을 놓은 변호사였는데, 비행할 핑계가 생겼다며 좋아했다. 그는 보호소의 구조 동물 수송을 위해 자주 봉사했다고 했다. 그가 가장 좋아하는 탑승객은 두말할 것도 없이 개다.

파이퍼 워리어는 호수 너머 북쪽을 향해 이륙했다가 선회하여 뉴올리언스로 돌아왔다. 우리는 강줄기가 거의 원에 가깝게 휘돌아 나가는 굽잇길, 잉글리시 턴 상공에서 미시시피강에 다다랐다. 그리고 플라커민즈 패리시parish(루이지애나주 최남단 카운티. 이하 "패리시"로 끝나는 지명은 모두 루이지애나주의 카운티를 가리킨다.-옮긴이)로 접어들 때까지 계속 강을 따라 내려갔다.

플라커민즈는 루이지애나의 남동쪽 맨 끝이다. 미시시피강 유역이라는 거대한 깔때기의 주둥이 부분에 해당하며, 시카고에서부터 데려온 쓰레기를 마침내 바다에 쏟아내는 곳이다. 지도상에서 플라커민즈는 멕시코만을 공격하는 근육질의 굵은 팔뚝처럼 보이며, 강은 마치 정맥처럼 그 팔뚝 중앙을 타고 내려온다. 미시시피강은 팔의 맨 끝에서 세 갈래로 나뉘어 손가락 혹은 맹수의 발톱을 연상케 하는데, 이 지역이 버즈 풋Bird's Foot이라고 불리는 것은 그 때문이다.

실제로 공중에서 본 플라커민즈는 지도와 매우 다른 모습이었다. 팔뚝이라면 안쓰럽게 쇠약해진 팔이었다. 팔 전체—그 거리는 100km가 넘었다—가 사실상 정맥뿐이었다. 단단한 땅이라고는 두 군데, 비쩍 마른 살점처럼 강에 달라붙어 있었다.

우리는 고도 약 600m로 비행했으므로 집과 농장, 정유 공장을 알아볼 수 있었지만 거기서 살거나 일하는 사람들은 보지 못했다. 그 외에는 강물, 그리고 듬성듬성한 습지뿐이었다. 습지는 여러 곳에서 물길과 교차했다. 땅이 더 단단했을 때 석유를 얻기 위해 파낸 흔적인 듯했다. 몇 군데에서는 한때 들판이었겠으나 지금은 호수가 된 곳의 직선 윤곽도 볼 수 있었다. 그 검은 웅덩이에 비행기 위로

뭉게뭉게 피어오르는 거대한 흰 구름이 비쳤다.

플라커민즈는 지구상에서 가장 빠르게 사라지고 있는—적어도 그렇게 의심되는—장소 중 하나라는 점에서 특별하다. 이곳에 사는 사람—그 수는 점차 줄어들고 있다—이라면 누구든지 지금은 물이 차 있지만 예전에는 집이나 사냥용 움막이 있던 곳을 몇 군데 찍을 수 있다. 십 대 아이들조차도 예외가 아니다. 몇 해 전 미국 해양대기청은 베이 재퀸, 드라이 사이프러스 등 플라커민즈 카운티에 속하는 31개 지명을 공식적으로 폐기했다.[1] 이제 더 이상 거기에 그곳이 존재하지 않았으니까.

플라커민즈에 일어나고 있는 일은 해안 전역에서 똑같이 일어나고 있다. 루이지애나주의 면적은 1930년대보다 5000km² 이상 줄어들었다. 델라웨어(미국에서 두 번째로 작은 주. 약 6446km².-옮긴이)나 로드아일랜드(미국에서 가장 작은 주. 약 3144km².-옮긴이)가 그만한 땅을 잃었다면 미국에는 49개 주만 남았을 것이다. 현재 루이지애나에서는 1시간 반마다 축구장만 한 땅이 사라지고, 몇 분마다 테니스장만 한 면적이 줄어들고 있다. 지도상의 루이지애나는 여전히 부츠 모양이지만, 실제로는 바닥이 너덜너덜해지고 밑창뿐 아니라 굽과 발등 대부분도 사라진 부츠가 되었다.

이른바 '토지 손실 위기'에는 다양한 요인이 작용하고 있지만, 본질적으로는 토목 공사의 놀라운 결과다. 뛰어오르는 잉어가 시카고에서 그랬듯이, 수몰된 땅은 뉴올리언스 주변 지역에서 인간이 초래한 자연재해의 증거다. 사람들은 미시시피강 관리를 위해 수천 킬로미터에 달하는 제방, 홍수 방벽, 호안(護岸)revetment(유수에 의한 하안나 해안, 제방 침식을 방지하기 위해 경사면에 설치하는 구조물.-옮긴이)을 세웠다. 공병대는 이렇게 자랑한 적도 있다. "우리는 강을 틀어쥐고, 바로잡고, 길들이고, 족쇄를 채웠다."[2] 루이지애나 남부를 물로부터 보호하려던 이 방대한 시스템이 오히려 이 지역을 다 떨어진 낡은 신발처럼 산산조각 낸 원인이 된 것이다.

그리고 새로운 국면에서 또 다른 공공사업 프로젝트가 진행되고 있다. 통제가 문제라면 더 큰 통제가 해법이다. 그것이 인류세의 논리다.

❖

플라커민즈를 비롯하여 루이지애나주 남부에서 땅을 파기 시작하면 거의 예외 없이 이탄층peaty mud이 나타난다. 사람들은 이 지역 토양의 점도를 갓 만든 젤리 푸딩에 비유한다. 당신이 판 구덩이에는 곧 물이 찰 것이다. 따라서 땅 밑에 뭔가를, 이를테면 관 같은 것을 보관하기 힘들어졌다. 이것이 뉴올리언스에서 망자를 납골당에 모시는 이유다. 계속 파 내려가면 결국 모래와 찰흙을 만나게 된다. 더 파도 모래와 찰흙뿐, 수백 미터—곳에 따라서는 수천 미터—에 걸쳐 같은 과정이 반복될 것이다. 제방을 지지하거나 도로를 보강하기 위해 가져다 놓은 것을 제외하면 루이지애나 남부에는 암석이 없다.

어떻게 보면 사층과 점토층도 다른 곳에서 왔다. 과거의 미시시피강은 수백만 년 동안 흐르면서 그 넓은 등에 엄청난 양의 퇴적물—루이지애나 매입Louisiana Purchase(1803년에 미국이 프랑스로부터 중부 지역 영토를 사들인 거래.-옮긴이) 당시에는 연간 약 4억 톤에 달했다[3]—을 지고 왔다. T. S. 엘리엇은 이렇게 썼다. "나는 신에 관해 잘 모르지만, 이 강은 힘센 갈색의 신 같다." 거의 해마다 봄이면 강이 제방을 덮쳤고, 그럴 때마다 평원에 퇴적물을 쏟아놓았다. 계절이 거듭될수록 점토와 모래, 미사(微砂)가 켜켜이 쌓였다. "힘센 갈색의 신"은 이 방법으로 일리노이와 아이오와와 미네소타와 미주리와 아칸소와 켄터키의 조각들을 가지고 루이지애나 해안을 조형했다.

미시시피강이 계속해서 퇴적물을 가져다 놓는다는 것은 이 강이 늘 움직이고 있다는 뜻이다. 퇴적물이 쌓여 흐름을 방해하면 강물은 바다로 가는 더 빠른 경로를 찾는다. 그중에서도 특히 현격하게 변한 경우를 '하도 변위(河道變位)avulsion'라고 한다. 미시시피강은 지난 7000년 동안 여섯 번의 하도 변위를 일으켰고, 그때마다 새로운 곳에서 다시 퇴적물을 쌓기 시작했다. 라푸쉬 패리시는 카롤루스 대제 시대(카롤루스 대제가 초대 신성 로마 황제로 재위했던 9세기경.-옮긴이)에 퇴적된 삼각주의 남아 있는 일부이며, 그 서쪽에 인접한 테레본 패리시는 페니키아 시대(기원전 26세기경부터 기원전 64년까지 지중해 동부 해안에 존재했던 고대 문명.-옮긴이)에 만들어진 삼각주 로브의 유산이다. 뉴올리언스는 그보다 더 이른, 피라미드 시대(기원전 30세기에서 기원전 25세기 사이.-옮긴이) 무렵에 만들어진 로브(현 세인트버나드 지역)에 자리를 잡은 도시다. 더 오래된 여러 로브는 이미 물에 잠겼

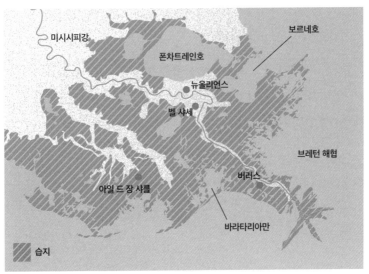

루이지애나 남부의 마른 땅 대부분이 이제는 습지로 바뀌었다.

다. 빙하기에 퇴적된 거대한 부채 모양의 땅인 미시시피 선상지는 멕시코만 밑에 가라앉아 있다. 이 선상지는 루이지애나주 전체보다 넓고 일부는 두께가 3000m에 달한다.

플라커민즈 패리시도 같은 방식으로 만들어진 땅이다. 지질학적으로 보자면 플라커민즈는 이 삼각주 가족 중 막내다. 미시시피강의 마지막 변위에 뒤이어 1500년 전쯤 형성되기 시작했다. 가장 어린 로브이므로 가장 오래갈 것이라고 생각할지도 모르지만 사실은 그 반대다. 이 삼각주의 부드럽고 젤리 같은 진흙은 시간이 갈수록 물이 빠지면서 단단해지는 특징이 있다. 더 물기가 많은 신생층은 가장 빨리 부피가 줄어들고, 따라서 로브의 성장이 끝나자마자 가라앉기 시작한다. 밥 딜런의 표현을 빌리자면, 루이지애나 남부에서는 어떤 곳도 "태어나느라 바쁘지 않으면 죽어가기 바쁘다."

이렇게 변화무쌍한 땅에는 정착하기 힘들다. 그러나 아메리카 원주민들은 삼각주가 생성 중이던 때부터 이미 거기에 살았다. 고고학자들이 알아낸 바에 의하면, 미시시피강의 변덕을 상대한 그들의 전략은 타협이었다. 강이 범람하면 더 높은 곳을 찾아가고, 강이 진영을 옮기면 그들도 따라 옮겼다.

이 삼각주에 도착한 프랑스인들은 거기에 살고 있던 원주민 부족에게 조언을 구했다. 그리고 1700년 겨울, 현재의 플라커민즈 동쪽 제방에 해당하는 곳에 목조 진지를 구축했다. 진지의 사령관 피에르 르 무안 디베르빌은 베이요굴라족 안내자에게 그곳이 마른 땅이라는 다짐을 받았다.[4] 이것이 의도적인 허위 진술이었는지 단순한 오해였는지—"마른"이라는 말이 루이지애나 남부에서는 상대적인 용어였을지도 모른다—는 알 수 없지만, 그곳은 곧 물에 잠겼다. 그해 겨울 이곳을 방문한 한 신부는 병사들이 막사로 가기 위해 '무릎 깊이까지 차는' 물을 건너는 모습을 보았다.[5] 1707년, 진지는 버려졌다. 디베르빌의 동생 장 바티스트 드 무안 드 비앵빌은 파리의 당국에 퇴각을 보고하면서 이렇게 썼다. "나는 어떻게 이 강변에 정착민이 살 수 있는지 모르겠습니다."[6]

1718년, 비앵빌은 여전한 불안감 속에서 뉴올리언스를 건설했다. 이 새로운 도시는 물이 많은 환경 때문에 새 오를레앙 섬L'Isle de la Nouvelle Orléans이라고 불렸다. 당연히 프랑스인들은 가장 높은 지대를 선택했다. 감히 미시시피강이 만든 둔덕에서 그 강에 맞서는 일이었다. 강이 범람하면 모래와 다른 무거운 입자들이 가장 먼저 내려앉아 자연 제방natural levee을 만든다. (프랑스어 Levée는 '들어 올려진'이라는 뜻이다.)

새 오를레앙 섬은 건설된 지 1년 만에 첫 번째 침수를 겪었다. 비앵빌은 "이 부지는 15cm의 물에 익사했다"라고 기록했다.[7] 침수 상태가 반년은 지속될 터였다. 프랑스인들은 또 다시 후퇴하는 대신 뭔가 해보기로 했다. 그들은 자연 제방 위에 인공 제방을 쌓아 올렸으며, 진창 속을 헤치고 배수로를 내기 시작했다. 이 고된 노동의 대부분은 아프리카에서 온 노예들의 몫이었다. 1730년대까지 미시시피강 양안에 노예들이 건설한 제방은 80km에 육박했다.[8]

흙으로 만든 후 목재로 보강한 초기의 제방은 자주 무너졌다. 그러나 이때 확립된 한 가지 패턴은 지금도 유효하다. 강을 따라 도시를 옮길 생각이 없으므로 강을 가만히 있게 만들어야 한다는 것이다. 홍수가 발생할 때마다 제방은 더 높게, 더 넓게, 더 길게 개량되었고, 1812년 전쟁(미국 독립 전쟁 이후 재차 발발한 미국과 영국 간의 전쟁.-옮긴이) 당시 제방 길이는 240km가 넘었다.[9]

❖

플라커민즈 상공을 비행한 후 며칠이 지나, 나는 또 다시 그곳을 내려다보고 있었다. 미시시피강이 빠르게 상승하고 있었고, 뉴올리언스 상류의 방수로 수문이 제대로 작동하지 않고 있었다. 강물이 계속 상승하고 방수로가 개방되지 않으면 하류의 뉴올리언스와 플라커민즈가 침수될 터였다. 나는 엔지니어 몇 명과 함께 있었는데, 그들이 긴장하기 시작했다. 나도 불안하기는 했지만 우리 눈에는 미시시피강이 폭 10cm 정도로 보였으므로 그리 큰 불안감은 아니었다. 강연구센터는 루이지애나 주립 대학교의 전초 기지다. 배턴루지에서도 미시시피강에 인접한 곳에 있으며, 건물 내부는 아이스하키 경기장을 닮았다.

연구센터 중앙에는 어센션 패리시의 소도시 도널드슨빌에서 버즈 풋 맨 끝에 이르는 삼각주를 6000분의 1로 축소한 모형이 있다. 이 지역의 지형과 제방, 방수로, 홍수 방벽 등 인공물 모두를 그 모양 그대로 찍어낸 고밀도 폼 모형이다. 크기는 농구장 두 배에 이르며 그 위에 올라서도 될 만큼 튼튼하다. 그러나 내가 방문한 날처럼 이 모형이 작동 중일 때는 몇 걸음도 떼기 힘들다. 두 개의 큰 웅덩이는 폰차트레인호와 보르네호—정확히 말하면 호수가 아니라 기수 석호(汽水潟湖)brackish lagoon—를 재현했기 때문이다. 또 다른 웅덩이들은 바라타리아만과 브레턴 해협, 멕시코만의 여러 입구이며, 그 외에 여러 내포(內浦)bayou와 후미backwater를 나타내는 웅덩이도 있다. 나는 신발을 벗고 뉴올리언스에서 해안까지 걸어보기로 했다. 잉글리시 턴에 이르렀을 때 발이 젖었다. 나는 젖은 양말을 주머니에 찔러넣었다.

미래의 지형도를 보여주는 이 모형 삼각주는 토지 손실과 해수면 상승을 시뮬레이션하고 그에 대처할 전략을 시험하는 데 도움이 될 것으로 보인다. 연구센터의 한 벽에는 알베르트 아인슈타인의 격언이 큼지막하게 쓰여 있다. "문제를 일으켰을 때와 똑같은 생각을 가지고 그 문제를 해결할 수는 없다."

내가 방문했을 때는 모형이 막 만들어져 아직 보정 작업 중이었다. 기록이 잘 남아 있는 과거의 재해를 시뮬레이션하는 작업도 수행되었다. 그중 하나가 2011년의 홍수였다. 그해 봄, 대량의 눈이 녹아내리고 중서부 전역에 몇 주 동안 폭우가 내리면서 강의 수위가 기록적으로 높아졌다. 뉴올리언스를 살리기 위해 육군 공병대는 도시에서 약 50km 떨어진 상류의 보넷 카레 방수로를 개방했다. (보넷 카레 방수로는 물길을 폰차트레인호 쪽으로 돌리는데, 모든 수문이 열렸을 때의 유량은 나이아가라 폭포를 능가한다.) 모형 삼각주에서는 구리선에 작은 놋쇠 조각을 연결하여 방수로 수문을 재현했다. 이전 실험에서 수문이 제대로 움직이지 않아서 엔지니어 한 명이 접이식 의자에 앉아 지켜보기로 했다. 마치 물에 가라앉고 있는 릴리퍼트를 굽어보는 현대판 걸리버 같았다. 그의 양말도 젖어 있는 게 눈에 띄었다.

그 작은 세계에서는 공간뿐 아니라 시간도 압축된다. 가속화된 시간 체계에서의 1시간은 1년, 5분은 한 달이다. 내가 지켜보는 동안 몇 주가 지나가고 수위가 계속 올라갔다. 이번에는 작은 보넷 카레 수문이 무사히 열려 엔지니어들이 안도의 한숨을 쉬었다. 미시시피강에서 방수로로 물이 흐르기 시작했고 뉴올리언스가 적어도 당장은 살아남았다.

루이지애나 주립 대학교에서는 미시시피강을 미니어처로 재현했다.

두 개의 통이 미니 미시시피강의 수원지 역할을 했다. 한 통에는 깨끗한 물, 다른 한 통에는 진흙이 들어 있었다. 리틀머디강의 진흙을 재현한 것인데, 진짜 진흙은 아니었다. 이 프랑스산 모조 퇴적물은 정밀하게 가공한 플라스틱 입자들—큰 모래 알갱이는 0.5mm 굵기의 미세 입자로 재현되었고 훨씬 더 가는 입자도 혼합되었다—로 구성되었다. 퇴적물은 새까만 색이어서, 흰색으로 밝게 칠한 강바닥 및 주변 지형 가운데 눈에 확 띄었다.

모형에 홍수를 일으키자 입자 일부는 방수로를 따라 폰차트레인 호로 흘러 들어가고 또 다른 일부는 강바닥에 침전되어 모래톱과 사주를 형성했다. 나머지 대부분은 거침없이 뉴올리언스를 지나 잉글리시 턴 주변까지 갔다. 퇴적물이 두껍게 쌓여 버즈 풋의 수로들이 검은 잉크로 채워진 것처럼 보였다. 이 물은 검은 소용돌이를 일으키며 멕시코만으로 흘러 들어갔다. 진짜 퇴적물이었다면 대륙붕을 만나면서 사라졌을 것이다.

바로 여기, 이 흑백의 장면 속에 루이지애나 토지 손실의 딜레마가 있다. 수문과 방수로가 없던 시절 2011년 봄과 같은 일이 벌어졌다면 미시시피강과 모든 지천의 강물이 강둑을 넘었을 것이다. 홍수가 대혼란을 일으키기는 했겠지만, 수천만 톤의 토사는 수천 제곱킬로미터의 들판에 분산되었을 것이다. 새로운 퇴적물은 새로운 토양층을 형성했을 것이고, 그렇게 높아진 땅은 토지의 수몰을 방지했을 것이다.

엔지니어들의 개입 덕분에 범람을 막았고, 대혼란도 없었으며, 새로운 땅의 조성도 없었다. 그 대신에 루이지애나 남부의 미래는 바다로 쓸려 내려갔다.

강연구센터 바로 옆에는 루이지애나 해안보호및복원기구CPRA 본부가 있다. CPRA는 2005년, 허리케인 카트리나가 뉴올리언스를 침수시키고 1800명 이상의 사망자를 내고 나서 몇 달 후 설립되었다. CPRA가 공식적으로 표방하는 기관의 사명은 "루이지애나주 해안 지역의 보호, 보존, 개선, 복원 프로젝트"를 실행하는 것이며, 이는 이 지역이 사라지지 않게 한다는 완곡한 표현이다.

배턴루지에 머물던 중, 하루는 강연구센터에서 CPRA 엔지니어

두 명을 만났다. 우리가 이야기를 나누고 있을 때 누군가가 천장의 프로젝터 스위치를 눌렀다. 그러자 갑자기 플라커민즈 구역은 녹색, 멕시코만은 파란색으로 바뀌었다. 뉴올리언스의 위성 영상이 미시시피강과 폰차트레인호 사이의 굴곡에서 빛났다. 도로시가 세피아톤의 캔자스에서 오즈로 들어설 때처럼 약간 불안하면서도 현혹적이었다.

"보시다시피 플라커민즈에는 땅이 별로 없습니다." 엔지니어 루디 사이머노였다. 그는 CPRA 엠블럼이 수놓인 셔츠를 입고 있었다. 한쪽에는 수초, 다른 한쪽에는 파도, 그 사이에는 홍수 방벽이 그려진 원형 엠블럼이었다. "이 모형에서 우리가 얼마나 물에 가까이 있는지 보면 조금 무섭습니다."

그날 저녁, 사이머노와 그의 동료 브래드 바스가 플라커민즈에서 개최하는 공개 회의가 있어서 우리는 잠시 미니 미시시피에 감탄한 후 진짜를 보러 길을 나섰다. 목적지는 버즈 풋에서 북쪽으로 16km 거리에 있는 버러스였다. 점심시간에 맞춰 플라커민즈의 군청 소재지 벨 샤세에 도착하여 포보이(루이지애나 전통 샌드위치.-옮긴이)로 요기를 하고 나서, 플라커민즈에서 강의 서안을 따라 나 있는 유일한 관통 도로인 23번 주도(州道)를 타고 남쪽으로 향했다. 창밖으로 필립스 66 정유 공장, 감귤 묘목장, 당구대처럼 평탄하게 펼쳐진 들판이 지나갔다.

플라커민즈의 대부분은 해수면 아래에 있다. 일설에 의하면 1.8m가 낮다. 이런 일이 가능한 것은 네 개의 제방 덕분이다. 둘은 강을 따라 양쪽 강변에 하나씩 있다. '역류제back levee'라고 불리는 다른 둘은 플라커민즈와 멕시코만 사이에서 해수 유입을 막는다. 물이 들어오지 못하게 하려고 만든 제방은 들어온 물을 가둘 수도 있다. 제방이 뚫리거나 범람하면 플라커민즈가 두 개의 좁고 긴 욕조처럼 물로 채워진다.

플라커민즈는 카트리나로 폐허가 되었고, 카트리나가 버러스에 상륙한 후 채 몇 주도 지나지 않아 허리케인 리타에 의해 또 한 번 파괴되었다. 리타는 멕시코만 연안에서 기록된 가장 강력한 폭풍이었다. 23번 주도는 이 연속적인 재앙을 맞은 후 몇 달 동안 막혀 있었다. 쓸려 내려온 어선들 때문이었다. 나무에는 소의 사체들이 걸려 있었다. 공공건물들은 다음에 올 재앙에 대비해 별스러워 보이는 말뚝 위에 세워졌다. 다른 학교라면 체육관이나 카페테리아가 있을 만한 곳이 사우스 플라커민즈 고등학교에서는 화물 트레일러라도 들어올 공간처럼 텅 비어 있다. (어떻게 이해해야 할지 모르겠지만, 이 학교의 마스코트는 소용돌이치는 허리케인이다.) 플라커민즈에서는 말뚝을 세워 공중에 띄워 놓은 주택도 흔하다. 우리가 지나가면서 본 한 집은 유독 현기증이 날 만큼 높이 있었는데, 사이머노는 그 말뚝이 9m는 될 거라고 했다.

"실제로 그만큼 물이 차거든요." 사이머노가 말했다. 우리 차는 강을 따라 가고 있었지만 제방 안쪽에서는 한참 동안 미시시피강이 보이지 않았다. 이따금 차가 조금 높은 지대를 지나갈 때면 배가 시야에 들어왔다. 마치 물이 아니라 공중에 떠 있는 비행선 같았다.

사이머노는 아이언턴이라는 소도시 인근에서 고속도로를 빠져나와 자갈길로 진입했다. 우리는 차를 세워놓고 철조망을 헤치며 너저분한 어떤 현장에 들어섰다. 푹푹 찌는 날씨에 여기저기 웅덩이가 패어 있는 그곳에서는 썩은 내가 났다. 오후의 무거운 공기 속에서 파리들만 느긋하게 윙윙거렸다.

우리가 서 있는 땅은 BA-39라는 프로젝트 현장이었다. 사이머노는 BA-39를 이루고 있는 흙도 삼각주의 다른 부분과 마찬가지로 미시시피강의 퇴적물이라고 했다. 퇴적의 방법만 달랐다. "강바닥을 2.4m짜리 드릴로 뚫는다고 상상해보세요." 사이머노가 작업 방법을 설명했다. 드릴이 회전하면서 모래와 진흙을 파내면 거대한 디젤 동력 펌프가 이 슬러리를 76cm 직경의 쇠파이프로 쏟아낸다. 파이프는 미시시피강 서안에서부터 8km나 이어져 있다. 제방들을 넘고 23번 도로 아래를 지나고 역류제도 넘어 마침내 바라타리아만의 얕은 분지에 다다르면 거기에 진흙을 쌓아 올린다. 그리고 불도저가 그것을 넓게 펼쳐놓는다.

BA-39는 파이프와 펌프, 디젤 연료만 충분하다면 무슨 일을 해낼 수 있는지 입증했다. 더 이상의 증거는 필요치 않았다. 약 76만m³에 달하는 퇴적물이 8km를 이동하여 75만m²의 소택지를 창조—정확히 말하자면, 재창조—했다. 여기에는 홍수의 이점만 있고, 골치 아픈 부작용은 없다. 감귤 과수원이 침수하는 일도, 인명 피해도 없고 나무에 소들이 걸려 있지도 않았다. 사이머노는 의기양양하게 말했다. "땅이 만들어지려면 수백 년이 걸리는데, 우리는 1년 만에 해낸 거죠." 사업비는 600만 달러였고, 그렇다면 우리가 서 있는 땅을 만드는 데 약 3만 달러가 든다는 계산이 나왔다. CPRA의 "포괄적 마스터플랜"—'포괄적'인 '마스터'플랜이라니, 과한 명칭이다—에는 이런 '습지 창조' 프로젝트가 10여 개 더 포함되어 있으며, 각각 수백만 달러에서 많게는 수천만 달러의 가격표가 붙어 있다. 그러나 루이지애나는 붉은 여왕과의 경주에 발이 묶여 있으며, 이 경주에서는 두 배로 빨리 달려야 겨우 현상 유지가 가능하다. 토지 손실의 속도를 따라잡으려면 BA-39 같은 프로젝트를 9일에 하나씩 찍어내야 한다. 한편, 드릴과 펌프, 파이프를 제거한 인공 습지에서는 이미 물이 빠지면서 침하가 시작되었다. 당국의 예측에 따르면 BA-39는 향후 10년 안에 다시 물에 잠길 것이다.

❖

우리는 오후 3시쯤 버러스에 도착하여 '케이준 피싱 어드벤처'라는 간판이 있는 곳에 들어섰다. 간판에는 무슨 폭발이라도 일어나 깜짝 놀란 듯 공중으로 펄쩍 뛰어오르는 오리와 물고기들이 그려져 있었다. 야자수 숲 뒤에는 풀장이 딸린 A자형 방갈로가 있었다.

사냥, 낚시 가이드이자 방갈로 주인인 라이언 램버트가 나와서 우리를 맞이했다. "사람들에게 떠도는 주장을 믿지 말라고 이야기해 주고 싶습니다." 그것이 그날 저녁에 있을 회의 장소 제공을 자청한 이유라고 했다. "그들 눈으로 직접 보라는 거죠." 그는 이 목적을 위해 참석자들을 미시시피강으로 데리고 나갈 보트 군단도 준비했다. 나는 지역 폭스뉴스 기자, 커다랗고 까만 램버트의 반려견과 한 배를 탔다.

강물 위의 기온은 마치 육지와 계절이 다른 것처럼 낮게 느껴졌다. 거센 바람에 개의 귀가 깃발처럼 펄럭였다. 우리는 다른 배가 일으킨 너울에 부딪혔고, 폭스 기자는 어깨에 멘 카메라를 지탱하려다 하마터면 배에서 떨어질 뻔했다.

제방이 버즈 풋까지 뻗어 있는 서안과 달리 동쪽 제방은 말하자면 팔꿈치쯤에서 뚝 끊어졌다. 팔꿈치 남쪽에서는 범람이 되풀이된다. 때로는 새로운 수로를 만들어 물과 토사를 다른 방향으로 흘려보내고, 그 과정에서 새로운 땅을 만들기도 한다.

"여러분 앞쪽으로 보이는 곳이 다 예전에는 강물밖에 없던 구역입니다." 수초가 녹색으로 넓게 펼쳐진 곳을 지나면서 램버트가 말했다. "지금은 울창하고 아름답지요." 그의 미러 선글라스에 늦은 오후의 낮게 드리운 태양과 홍차 빛깔의 강이 비쳤다.

램버트가 한 손으로는 키를 잡고 다른 한 손으로 손짓을 하며 외쳤다. "새로 돋아난 버드나무들 좀 보십시오! 저기 새들도 있네요!" 폭스 기자가 그 지점을 뭐라고 불러야 할지 물었다.

"대답하기 어렵군요. 새로 생긴 곳이라 이름이 따로 없거든요." 램버트가 대답했다. "이곳은 세계에서 가장 새로운 땅입니다!"

우리는 이름 없는 여러 내포를 빠르게 지나갔다. 보트가 지나가자 통나무 위에서 볕을 쬐고 있던 커다란 악어 한 마리가 물로 뛰어들었다. 램버트의 말은 계속 이어졌다. "아름답지 않습니까? 저는 여기 오면 기분이 참 좋아요. 서안으로 넘어가면 구역질이 나죠." 갓 태어난 습지의 냄새는 갓 깎은 풀처럼 향긋했다. 저 멀리에는 멕시코만의 거대한 원유 플랫폼의 실루엣이 보였다.

서쪽 강변의 방갈로로 돌아가니 회의가 막 시작되려는 참이었다. 스크린이 설치된 큰 방 벽에는 엘크의 머리, 박제 다람쥐, 과시적인 포즈의 물고기 장식이 걸려 있었다. 모인 사람은 약 50명으로 소파에 앉아 있는 사람도 있고 엘크나 물고기가 걸린 벽에 기대어 서 있는 사람도 있었다.

회의는 바스의 프레젠테이션으로 시작되었다. 그는 이 지역이 어떻게 지금의 모습을 갖게 되었는지, 즉 수천 년에 걸쳐 미시시피강이 요동칠 때마다 삼각주 로브를 하나하나 형성한 과정을 지질학적으로 자세히 설명했다. 그런 다음 문제점을 제시했다. 망각 속으로 가라앉고 있는 지역의 주민 200만 명은 어떻게 될까? 바스는 이곳이 토지 손실이 특히 심각한 지역이라고 했다. 플라커민즈 주변의 땅은 이미 1800km² 가 줄어들었다.

"우리는 해수면 상승과 지반 침강에 맞서 힘겨운 전투를 벌이고 있습니다." 바스가 말했다. CPRA는 계속 드릴로 땅을 파고 파이프를 가설할 것이다. 그는 이렇게 장담했다. "우리는 강에서 가능한 한 모든 침전물을 파낼 것입니다. 우리는 과감해져야 합니다." 그러나 BA-39는 그가 말하는 과감한 도전과 거리가 멀어 보였다.

❖

미시시피강이 자연적으로든 인공적으로든 제방을 뚫고 터질 때 그 터진 부분을 '크레바스crevasse'라고 한다. 뉴올리언스 역사에서 이 단어는 거의 언제나 재앙과 동의어였다.

1735년, 크레바스로 인한 홍수가 당시에 뉴올리언스를 구성하고 있던 44개의 정방형 블록을 사실상 모조리 침수시켰다.[10] 1849년 5월에는 소베 크레바스(소베 농장에서 설치한 제방의 균열.-옮긴이)로 이 도시가 또 다시 물에 잠겼다. 한 달 뒤, 지역 신문《데일리 피커윤》의 기자는 세인트찰스 호텔의 돔형 지붕 전망대에서 뉴올리언스를 내려다보며 이렇게 썼다. "넓은 수면에 집들이 점점이 박혀 있다."[11] 1858년에는 루이지애나 제방에 45건의 크레바스가 일어났고, 1874년에는 43건, 1882년에는 284건이 발생했다.[12]

이른바 '1927년 미시시피 대홍수' 때는 226건의 크레바스가 보고되었다.[13] 이 홍수는 여섯 주에 걸쳐 7만km²를 침수시켰으며, 50만 명이 이재민이 되었고, 재산 피해가 5억 달러(오늘날의 가치로 70억 달러가 넘는다)에 달하면서 커다란 전환점이 만들어졌다.[14] 베시 스미스(1920년대에 미국 남부에서 주로 활동한 블루스 가수.-옮긴이)는 〈백워터 블루스Backwater Blues〉라는 곡에서 "오늘 아침 일어나 보니 문밖으로 나갈 수도 없어"라고 탄식했다.

미국 의회는 '대홍수'에 대한 대응으로 미시시피강 홍수 통제권을 사실상 국유화하고 그 임무를 육군 공병대에 맡겼다. 1928년, 당시 루이지애나 상원 의원이었던 조지프 랜스델은 홍수 통제법

루이지애나 남부의 마른 땅 대부분이 이제는 습지로 바뀌었다.

Flood Control Act이 "태초 이래" 가장 중요한 물 관련 입법이라고 일컬었다.[15] 공병대는 제방을 연장―4년 만에 연장된 길이가 400km에 달한다[16]―하고 보강했다. 제방은 평균 0.9m 높아졌고[17] 부피는 거의 두 배가 되었다. 공병대가 한 또 한 가지 일은 보넷 카레에서처럼 제방에 방수로라는 새로운 기능을 추가한 것이다. 강이 범람 단계에 이르면 방수로 문을 열어 제방에 가해지는 압력을 완화할 수 있다. 어느 시인은 다음과 같이 공병대의 공적을 칭송했다.[18]

그 계획은 공병대의 걸작이자
전문가가 빚은 웅장한 조각품
제방과 방수로, 다른 여러 개량이 뒤섞여
하나의 선한 프로젝트로 태어났네.

"선한 프로젝트" 덕분에 크레바스의 시대가 끝났다. 그러나 범람의 종말은 곧 새로운 퇴적의 종말을 뜻했다. 루이지애나 주립 대학교 지리학 교수 도널드 데이비스는 이러한 상황을 한 문장으로 요약했다. "미시시피강은 통제되었고, 땅은 사라졌으며, 환경은 변화했다."[19]

플라커민즈를 구하기 위한 CPRA의 '과감한' 계획은 포스트 크레바스 시대에 걸맞게 크레바스를 다시 만드는 것이다. 그들의 마스터플랜에는 미시시피강 제방에 여덟 개, 미시시피강에서 갈라져 나온 아차팔라야강 제방에 두 개의 초대형 구멍을 뚫는 작업이 포함되어 있다. 구멍들은 수문이 달린 수로가 될 것이고, 이 수로에는 또 다른 제방을 쌓게 될 것이다. CPRA는 이러한 작업을 복원의 한 형태로 보고 싶어 한다. "자연적인 퇴적 과정을 재건"하는 방법이라는 것이 그들의 주장이다. 일면 맞는 말 같지만, 강에 전기 장치를 들이는 것을 과연 자연적이라고 할 수 있을까?

인공 크레바스의 절정은 바라타리아 퇴적물 우회 프로젝트다. 버러스에서 상류 56km 지점의 미시시피강 서안으로부터 정확히 서쪽으로 바라타리아만까지 일직선 4km—이것은 명백히 수문학적 도전이다—에 폭 180m, 깊이 9m로 그리니치 빌리지를 모두 덮을 만한 콘크리트와 자갈이 깔릴 것이다. 완전 가동 시 초당 2100m^{3}의 물을 내보내며, 그렇게 되면 유량 기준으로 미국 12위 규모의 강이 된다. (비교하자면, 허드슨강의 평균 유량은 초당 570m^{3}다.) 이제까지 한 번도 시도해 보지 못한 일이다. 바스도 "유례가 없는 프로젝트"라고 했다.

이 프로젝트에는 14억 달러가 소요될 것으로 추정된다. 다음으로 계획 중인 플라커민즈 동쪽 제방의 브레턴 우회 프로젝트 사업비는 8억 달러다. 두 우회 프로젝트 예산은 BP사 원유 유출—2010년 BP의 시추 시설에서 300만 배럴이 넘는 원유가 분출되어 텍사스주에서 플로리다주에 이르는 멕시코만 인접 해안을 오염시킨 사건—합의금에서 충당할 예정이다. (나머지 우회 프로젝트 여덟 개는 계획 초기 단계에 있으며, 아직 자금도 확보되지 않았다.)

많은 플라커민즈 주민들은 램버트처럼 우회 프로젝트에 마지막 희망을 걸고 있다. 이 프로젝트의 열렬한 지지자이며 제방 바깥에 사는 몇 안 되는 주민 중 한 사람인 알버틴 킴블은 "그 퇴적물에 모든 게 달려 있다"고 말하기도 했다. 그러나 반대 입장도 많다. 버러스 회의 몇 주 전에는 플라커민즈의 행정 수장이 CPRA를 상대로 공개적인 도전장을 내밀었다. CPRA가 제안한 우회 사업지에서의 토양 샘플 채취 허가를 거부한 것이다. 정확히 말하면, 당국 담당자들이 그들을 현장에 데려가기는 했지만 주(州) 경찰관이 감시하고 있었다.[20]

케이준 피싱 어드벤처에서 바스는 바라타리아 우회가 어떤 작업을 통해 어떤 경로로 이루어질 것인지를 보여주는 슬라이드를 연신 클릭했다. 스크린상의 움직임만 보아도 이 우회 프로젝트가 이해하기가 거의 불가능할 만큼 복잡하다는 사실을 알 수 있었다. 철도 노선을 변경하고, 23번 도로의 경로를 바꾸어야 하며, 물이 흐르는 현장에서 거대한 수문을 조립해야 한다. 바스는 구조가 완성되면 홍수 시뮬레이션도 가능하다고 했다. 강물의 흐름이 빨라지고 모래의 양이 많아지면 수문이 열리고, 그러면 퇴적물을 가득 실은 물이 플라커민즈를 가로질러 바라타리아만으로 쇄도할 것이다. 몇 년이 지나면 모래와 미사가 충분히 침전되어 새로운 땅이 창조되기 시작한다. 이 우회의 동력은 펌프가 아니라 강 자체다. 따라서 BA-39와 달리 해마다 퇴적물을 나르게 될 것이다.

"퇴적물 우회에서 가장 중요한 관건이 뭔가요?" 이 질문에 바스가 대답했다. "퇴적물은 최대화하고 흘러 들어가는 담수의 양은 최소화하는 것입니다."

구석에 있던 한 남자가 손을 들었다. 그는 바라타리아 프로젝트에 관해 질문했다. "가능한 계획인 것 같군요. 하지만 피해가 발생하지 않겠습니까?" 바스의 장담에도 불구하고 그 사람은 얼마나 많은 담수가 분지로 향할지, 그것이 낚시에 어떤 영향을 미치게 될지 걱정했다. 그리고 단언했다. "점박이바다송어는 끝장날 겁니다."

그는 이렇게 덧붙였다. "자연적인 크레바스라면 대찬성입니다. 하지만 인간의 개입은 좋게 끝나는 일이 드물지요. 바로 그래서 오늘 이 자리에 우리가 모인 겁니다."

❖

곧 뜨거운 열기가 밀려올 것이다(영국 SF 작가 J. G. 밸러드의 지구 종말 3부작 중《물에 잠긴 세계》첫 문장.-옮긴이).

뉴올리언스로 돌아와 해안 지질학자 알렉스 콜커를 만나러 간

날도 끈적끈적한 날씨였다. 콜커는 루이지애나 대학연합해양연구단 소속이면서 종종 교육 목적의 뉴올리언스 자전거 탐사를 이끌고 있다. 전통적으로 더 인기 있는 투어에는 유령이나 부두교, 해적이 등장하지만, 그가 강조하는 것은 수문학이다. 콜커는 나의 동행을 허락했지만, 정오가 되면 거리가 찜통이 되니 일찍 출발해야 한다고 경고했다.

"뉴올리언스는 강을 끼고 형성된 도시입니다." 아직 잠들어 있는 가든 지구Garden District를 출발하면서 콜커의 설명도 시작되었다. "간단히 말하자면 강 부근이 고지대이고 저지대에는 오래된 늪과 습지가 있지요." 우리는 조지핀가(街) 북쪽으로 페달을 밟았다. 미시시피강에서 멀어지는 방향이었고, 평지처럼 보였지만 내리막이었다. 웅장한 저택 대신 샷건 하우스(폭이 좁고 앞뒤로 긴 뉴올리언스의 전통 서민 주택. 엽총을 쏘면 현관에서 뒷문까지 통과한다는 뜻에서 생긴 별명이다.-옮긴이)가 나타나기 시작했는데, 파손, 복구된 정도는 제각각이었다.

콜커는 도로가 커다랗게 움푹 파인 곳에서 브레이크를 밟았다. 아스팔트로 메꾸었지만 또 다시 움푹 파여 있었다. 콜커가 설명했다. "지반 침강의 규모는 저마다 다릅니다. 큰 규모로 일어나면 오래된 습지를 파괴하기도 하고, 여기 보이는 것처럼 작은 규모로 일어나기도 하지요." 우리는 좀 더 이동하여 포탑처럼 도로에서 툭 튀어나와 있는 맨홀 뚜껑에 도착했다.

"이 맨홀은 어딘가에 고정되어 있어서 가라앉지 않거나, 적어도 주변의 땅보다 천천히 가라앉는 것 같습니다." 옆에는 "대피 경로"

라고 쓰인 표지판이 있었다.

관광객들을 겨냥한 발랄한 글에서 뉴올리언스는 강의 굴곡을 따라 형성된 도시 생김새를 빗대어 '초승달 도시Crescent City'라거나 느긋한 분위기를 뜻하는 '빅 이지Big Easy'라고 불린다. 그렇게 즐겁기만 할 수 없는 이곳의 거주민들이 부르는 별명은 '사발bowl'이다. 현재 그 '사발'은 거의 전체가 해수면보다 낮은 위치에 있으며, 몇몇지점은 해수면보다 4.6m나 더 낮다. 도시 안에 있을 때는 도시 전체가 발밑으로 가라앉고 있다고 상상하기 힘들지만, 사실이다. 위성 데이터에 기초한 한 최근 연구는 뉴올리언스 일부가 10년에 거의 15cm씩 가라앉고 있음을 밝혔다.[21] 콜커는 "지구상에서 가장 빠른 속도"라고 했다.

우리는 몇 차례 더 멈추어 저지대와 꺼진 땅을 감상한 끝에 멜포메네 양수장에 도착했다. 양수장이 있는 브로드무어Broadmoor 지구는 "플러드무어Flood-moor"라는 별명이 붙은 저지대 동네였다. 양수장은 잠겨 있었지만 창문을 통해 로켓처럼 생긴 장비 여러 대가 모로 뉘어 있는 모습을 볼 수 있었다. 이 기계를 발명한 A. 볼드윈 우드의 이름을 딴 우드 스크류 펌프였다. 우드가 특허를 출원한 1920년은 엔지니어링의 힘에 대한 과도한 확신으로 가득 찬 시기였다.

그해 5월 어느 날, 지역 신문 《뉴올리언스 아이템》은 "뉴올리언스의 배수 문제가 끔찍한 상황"이며, "이 문제를 해결하기 위해 뉴올리언스는 세계 최대의 배수 시스템을 구축했다"는 소식을 1면 기사로 다루었다.[22]

그 기사는 이렇게 선언했다. "인간은 매일 자연을 넘어서고 있다. 인간은 거대한 미시시피강의 물줄기를 바꾸어 원치 않는 방향으로 흐르게 만들었다."

1920년에 뉴올리언스는 멜포메네를 포함하여 여섯 개의 양수장을 뽑냈다. 이 양수장들 덕분에 '오래된 늪'에서 물을 빼 레이크뷰, 젠틸리 같은 주택지로 전환할 수 있었다. 지금은 양수장 숫자가 24개소로 늘어났으며 여기서 가동하는 양수기는 총 120개에 달한다. 폭풍이 몰아치면 빗물이 베니스에 버금가는 수로로 집중되고, 폰차트레인호로 흘러나간다. 이 시스템이 없었다면 뉴올리언스의 상당 부분이 거주 불가능한 곳으로 바뀌었을 것이다.

그러나 뉴올리언스의 세계적인 제방 시스템처럼 그들의 세계적인 배수 시스템 역시 트로이의 목마 같은 해결책이다. 물이 빠지면 습지 토양이 압축되므로, 물을 빼면 뺄수록 해결하려던 문제가 더 악화된다. 물을 더 많이 퍼내면 도시는 더 빨리 가라앉고, 토지가 더 많이 가라앉으면 양수기를 더 많이 가동해야 한다.

"양수가 이 문제에서 큰 부분을 차지합니다." 자전거를 땀으로 적시며 다시 언덕길을 올라갈 때 콜커가 말했다. "양수는 침하를 가속화하고, 결국 악순환이 초래되니까요."

❖

어느덧 화제는 카트리나로 옮겨갔다. 콜커가 뉴올리언스에 온 것은 카트리나가 닥친 지 1년 반쯤 지나서라고 했다. 그는 대부분의 건물 외벽에 물에 잠겼던 흔적인 '바스텁 링bathtub ring'이 몇 년 동안 선명하게 남아 있었다고 회상했다.

한 지점에 이르러 콜커가 말했다. "이제 1.5m에서 2.5m 깊이의 물이 있는 지역으로 들어갈 겁니다."

카트리나는 이례적인 대규모 폭풍이었지만 최악의 시나리오와 는 거리가 멀었다. 카트리나가 2005년 8월 29일 이른 아침 뉴올리 언스 북부를 휘저을 때 그 눈은 도시 동부를 지나갔다. 이것은 가장 강한 바람도 미시시피주의 웨이브랜드나 패스크리스천 같은 더 동 쪽에 있는 지역으로 이미 지나갔다는 뜻이었다. 요컨대, 뉴올리언 스는 살아남은 것으로 보였다.

그러나 폭풍은 뉴올리언스 동쪽 가장자리를 둘러싼 수로망―산 업 운하, 멕시코만 연안 간 수로, 미시시피강-멕시코만 출구 운하 Mississippi River-Gulf Outlet(머리글자를 딴, '미스터고Mr. Go'라는 별명으로 더 잘 알 려져 있다) 등 선박이 강과 바다 사이를 지름길로 오갈 수 있도록 조 성한 운하들―으로 물을 집중시켰고, 7시 45분경 산업 운하 제방 이 무너지면서 6m 높이의 물이 로어 나인스 워드Lower Ninth Ward 지 구를 덮쳤다. 결국 주민 대부분이 흑인인 이 지역에서 최소 70명이 목숨을 잃었다.

물은 폰차트레인호로도 쇄도했다. 허리케인이 내륙으로 진격하 면서 그 물은 남쪽을 향했고, 호수를 벗어나 도시의 배수로로 밀려 들어 갔다. 수영장 물을 비워 거실에 쏟아부은 셈이었다. 얼마 안 가 17번가 운하와 런던 애비뉴 운하의 홍수 방벽이 무너졌다. 그리고 이튿날이 되자 '사발'의 80%가 수면 아래에 있었다.

폭풍이 강타하기 전에 뉴올리언스 밖으로 대피한 사람이 수십만 명이었다. 도시가 침수되면서 그들이 언제 돌아오게 될지, 또는 돌아와야만 하는 것인지가 불분명해졌다. 허리케인 일주일 후, 〈슬레이트〉의 헤드라인을 장식한 문구는 "침몰한 도시 뉴올리언스 재건에 대한 반론"이었다.[23]

《워싱턴포스트》의 한 칼럼은 "지질학적 현실을 직시하고 뉴올리언스 해체를 신중하게 계획하기 시작해야 할 때"라고 선언했다.[24] 이 글의 필자는 지구 물리학자이자 위험 관리 전문가 클라우스 제이컵으로, 이 논평에서 임시 조치로 뉴올리언스의 일부를 "보트하우스 도시"로 탈바꿈할 수 있을 것이라고 제안했다. 그러면 미시시피강이 범람하도록 놔두어 "신선한 퇴적물로 '사발'을 채울" 수 있다는 주장이었다. (2011년에 제이컵은 큰 폭풍으로 뉴욕 지하철이 침수될 것이라고 경고했고 이듬해 초강력 폭풍 샌디가 그의 예언을 실현했다.)

뉴올리언스 시장이 선임한 자문단은 우선 가장 높은 지역—강변과 젠틸리와 메터리리지의 가장 높은 지대—에만 다시 사람들을 복귀시키고, 그런 다음 저지대 중 살릴 동네와 버릴 동네를 정하는 공공 계획 절차를 실행해야 한다고 권고했다.[25]

뉴올리언스의 일부를 물로 되돌아가게 놔두자는 여러 제안이 부상했지만 번번이 거부되었다. 지구 물리학적으로는 의미 있는 후퇴였지만 정치적으로는 재고할 가치조차 없는 대안이었다. 공병대에게는 새로운 과업이 부여되었다. 이번에는 멕시코만으로부터의 폭풍 해일을 막을 수 있도록 제방을 보강하는 임무였다. 공병대는 뉴올리언스 남부에 서부 수로 폐쇄 콤플렉스라는 11억 달러짜리 시설의 일환으로 세계 최대의 양수장을 건설했다. 동쪽으로는 보르네호 해일 방벽을 세웠다. 길이 4km, 두께 1.7m의 이 콘크리트 장벽 건설에는 13억 달러가 들었다. 공병대는 미시시피강-멕시코만 출구 운하를 290m 폭의 암석 댐으로 막고 배수로와 폰차트레인호 사이에 여러 개의 거대한 수문과 펌프를 설치했다. 17번가 운하 말단의 펌프들은 초당 340m³의 물을 내보내도록 설계되었는데, 이는 테베르강의 유량을 넘어서는 규모다.[26]

이러한 장대한 구조물들은 최근 몇 차례의 폭풍으로부터 뉴올리언스를 지켜줘 카타리나가 강타했을 때보다 이 도시가 훨씬 더 안전해진 것처럼 보이기도 한다. 그러나 한쪽에서는 방어 시설로 보이는 것이 다른 각도로 보면 함정 같을 때도 있다.

전 뉴올리언스 부시장 제퍼 허버트는 이렇게 말했다. "해안을 다시 채워야 합니다. 해안을 살리는 것이 곧 뉴올리언스를 살리는 길이기 때문입니다." 이른바 크레바스 시대(도시 형성 초기에 크레바스 현상으로 뉴올리언스가 반복적인 침수를 겪은 시기.-옮긴이)를 벗어난 이래로 도시 남부의 토지 손실로 뉴올리언스와 멕시코만 사이의 거리는 약 32km(20마일) 가까워졌다.[27] 해일은 육지로 약 4.8km(3마일) 올라올 때마다 30cm(1피트)씩 낮아지는 것으로 추정된다. 그것이 사실이라면 뉴올리언스에 대한 위협은 토지 손실 때문에 2.1m(7피트)만큼 더 커진 셈이다.

호라티우스는 기원전 20년에 이렇게 썼다. "쇠스랑으로 자연을 긁어낸들 자연은 이내 돌아와 우리가 미처 알아채기도 전에 우리의 비뚤어진 경멸을 뚫고 승리할 것이다."

지반 침하 투어가 끝나갈 무렵, 콜커와 나는 프렌치 쿼터 지구를 통과했다. 아직 이른 시간이었지만 술잔을 손에 든 관광객들이 거리에 가득했다. 월든버그 공원에서 우리는 제방 위로 올라가 미시시피강 너머 알제 지구를 바라보았다.

나는 콜커에게 앞으로 어떻게 될 것 같은지 물었다. "해수면은 계속 높아질 것입니다." 플라커민즈에 계획되어 있는 우회 사업은 도시 남부 습지 일부를 토지로 되돌릴 것이며, BA-39 같은 예전 방식의 준설 프로젝트도 계속 추진될 것이다. "하지만 복원되지 않은 지역은 점점 더 자주 침수될 거예요." 새 오를레앙섬이라고 불렀던 이 도시가 "점점 더 섬처럼 보이게 될 것"이라고 콜커는 예측했다.

뉴올리언스에서 남서쪽으로 80km 떨어져 있는 테레본 패리시의 아일 드 장 샤를은 수십 년 후의 뉴올리언스를 미리 보여준다. 이 섬에 가려면 하나밖에 없는 좁은 둑길을 지나야 하는데, 과거에는 평범한 육지의 도로였던 길이다. 이제는 때만 잘 맞추어 가면 차에서 내리지 않은 채로 낚시를 할 수도 있다.

나는 이곳에 사는 보요 빌리엇를 만났다. "봄이면 남풍이 불 때마다 도로에 물이 찹니다." 우리가 서 있는 곳은 그가 자란 집 뒷마당이었다. 그의 어머니가 아직 살고 있는 그 집은 3.7m짜리 말뚝 위에 위태롭게 서 있었다. 공중에 떠 있는 현관에서 미국 국기 몇 개가 펄럭였다. 겨울이었고, 사슴 사냥철 끝물이었다. 빌리엇은 위장용 옷을 입고 있었다. 그의 전화기는 그가 어디에 있는지 궁금해하는 사냥 동료들의 메시지로 연신 알림음을 울렸다.

빌리엇은 목소리가 걸걸하고 희끗희끗한 염소 수염을 기른 큰 체구의 남자였다. 그는 1800년대 초에 이곳으로 온, 섬 이름의 장본인인 장 샤를 나퀸의 후손이라고 했다. (장 샤를은 해적 장 라피테의 동료였다.) 나퀸의 아들 장 마리는 원주민 여성과 결혼했고, 아버지가 연을 끊자 이 섬으로 도망쳤다. 장 마리의 자식들은 빌록시, 치티마차, 촉토라는 세 부족의 후손과 결혼했다.[29] 그 자손들 대부분은 이 섬에 남아 긴밀한 유대 속에 거의 자급자족에 가까운 사회를 형성했다.

"몇 해가 지나도록 아무도 여기에 누군가가 살고 있다는 것을 알지 못했습니다. 이곳에 사는 사람들은 대공황이 왔을 때도 모르고 지나갔지요. 그들에게는 아무런 영향도 없었으니까요."

1950년대에 아일 드 장 샤를에서 성장기를 보낸 빌리엇은 루이지애나식 프랑스어와 촉토어를 섞어 쓴다. 그는 이렇게 회상했다. "섬의 이쪽 끝에서 저쪽 끝까지 서로 모르는 사람이 없었어요." 지금도 이곳 사람들은 낚시, 굴 채취, 덫을 이용한 포획으로 생계를 유지한다. 빌리엇의 아버지는 새우잡이 배 한 척을 갖고 있었고, 집 바로 앞에 대어 놓았다. 당시에는 깊고 긴 내포가 있었고, 사람들은 거기서 게를 잡았다. 섬 곳곳이 식료품점이나 다름없었으므로 도로가 생겼지만 별 쓸모가 없었다.

오늘날 그 식료품점들은 모두 사라졌다. 약 40채의 집이 남아 있는데, 대부분은 말뚝 위에 올려졌고 다수가 빈집이었다. 빌리엇이 어릴 때 약 90km²였던 아일 드 장 샤를은 면적의 98% 이상이 유실되어 이제 2km²가 채 되지 않는다.

이 섬은 사라지고 있다. 일반적으로 토지 손실을 야기하는 모든 이유가 이 섬에 작용하고 있다. 우선 아주 오래된 삼각주 로브의 일부이므로 토양이 자연적으로 압축된다. 해수면은 상승하고 있다. 20세기 전반에는 홍수 통제 조치로 인해 신선한 퇴적물의 주된 원천을 잃었다. 그다음에는 석유 산업이 들어와서 습지에 운하를 팠다. 운하는 바닷물을 끌어들였고, 염도가 높아져 갈대와 갯줄풀marsh grass이 죽었다. 종의 소멸은 수로를 넓혀 더 많은 바닷물이 들어오게 만들었고, 더 많은 종이 소멸했고, 수로는 더 넓어졌다.

빌리엇의 딸인 샨텔 코마르델은 이렇게 표현했다. "비디오 플레이어가 있던 시절에 원하는 영화 장면을 보려고 빨리 감기 버튼을 누르는 것과 흡사해요." 빌리엇의 어머니와 함께 주방에 앉아 있던 코마르델은 할머니를 "마망Maman"이라고 불렀다. 벽에는 가족사진이 여러 장 걸려 있었다. "운하가 그 문제에 있어서 빨리 감기 버튼을 누른 거예요."

1980년대에 잇따른 허리케인이 그들이 거주하던 트레일러를 덮친 후, 빌리엇과 코마르델을 비롯한 직계 가족 모두가 섬을 떠났다. 폭풍이 발생할 때마다 땅이 사라졌고 더 많은 가족이 떠났다. 2000년 대 초반에는 아일 드 장 샤를의 잔해 주위에 고리 모양 제방이 세워졌다. 사람들이 낚시를 하고 게를 잡던 내포가 제방 때문에 물이 흐르지 않고 괴어 있는 좁은 못으로 바뀌었다. 제방 안쪽의 토지 손실은 느려졌지만, 제방 바깥과 도로 주변 상황은 더욱 악화되었다.

이 시점까지만 해도 아일 드 장 샤를의 남은 부분을 보존하기 위한 조치를 취할 수 있었다. 일례로, 모간자 방수로 프로젝트라는 대규모 허리케인 방재 시스템 조성 계획을 수립 중이었으므로, 이를 확장하여 아일 드 장 샤를을 포함시킬 수 있었다. 그러나 공병대는 프로젝트 확장에 반대했다. 달랑 1.2km^{2}의 곤죽 같은 땅을 보존하겠다고 사업비를 10억 달러에서 11억 달러로 늘려야 하는 일이었기 때문이다.[30] 그만한 돈이면 시카고 같은 대도시에서도 다섯 배 면적의 땅을 살 수 있을 것이다.

이 섬의 주민과 섬을 떠난 가족들이 사실상 아일 드 장 샤를 빌록시-치티마차-촉토 부족 공동체 구성원의 전부다. 코마르델은 공동체의 총무, 빌리엇은 부위원장이며, 위원장은 빌리엇의 삼촌이다. 도로가 침수되고 결국 섬 자체가 씻겨 내려가리라는 것이 분명해지자 섬 주민 전체를 내륙으로 이주시키는 계획이 세워졌다. 위원회는 첫 번째 조치로 연방 정부 보조금 500만 달러를 신청했고, 2016년에 교부되었다. 그러나 내가 방문했을 때 그 돈은 주 정부의 정책 때문에 묶여 있었고, 앞으로 어떻게 될지 그 누구도 알지 못했다.

출입 금지 안내문이 덕지덕지 붙어 있는 빈집들 사이를 헤매다

보니 '계획적 해체'의 경제적 논리를 알 수 있었다. 동시에 부당성도 확연히 드러났다. 빌록시와 촉토 부족은 훨씬 더 동쪽에 있던 조상의 땅에서 쫓겨나 루이지애나에 왔다. 아일 드 장 샤를 부족 공동체가 이 섬에서 평화롭게 살아갈 수 있었던 것은 너무나 고립되고 경제적인 가치가 없어서 외지인들이 관심을 갖지 않았기 때문이다. 공동체는 원유 생산을 위한 운하 준설이나 원유 모간자 방수로 프로젝트의 설계에 대한 발언권이 없었다. 그들은 미시시피강 치수 사업에서 늘 배제되었고, 종전의 조치가 낳은 결과를 뒤집기 위해 새로운 형태의 통제 방법을 적용하려고 하는 지금 또 한 번 배제되고 있다.

빌리엇은 말했다. "여기에 아무도 살지 않게 된다는 것을 상상하기 힘들지만, 침식은 제 눈앞에서 일어나고 있습니다."

❖

올드 리버 통제 구조물을 멀리서 보면 귀가 서로 연결되어 있는 여러 개의 스핑크스상처럼 보인다. 이 시설물의 총 길이는 134m, 높이는 30m다. 가까이 다가가서 보면 스핑크스의 머리가 사실은 크레인이고 둔부는 강철 수문임을 알 수 있다. 미시시피강을 지배하려는—그 물줄기를 "바꾸어 원치 않는 방향으로 흐르게 만들"려는—수 세기 동안의 노력을 한눈에 보여주는 토목 공사의 업적을 꼽으라면 단연 이 시설일 것이다. 제방이나 방수로는 범람을 막기 위해 건설되었지만, 이것은 시간을 멈추기 위해 세워졌다.

올드 리버 통제 구조물.

    올드 리버 구조물은 배턴루지에서 상류 쪽으로 약 130km 떨어진 드넓은 평야 지대에 있다. 이 지점 인근에서 약 500년 전, 미시시피강은 술에 취한 듯 이상한 행보를 보였다. 수문학적으로 이례적인 현상이라는 점에서도 그렇지만 그야말로 갈지자의 행보였다. 미시시피강의 물줄기는 이리저리 굽이치다 서쪽으로 한참 이동하여 아차팔라야강을 만났다. 당시에 아차팔라야강은 미시시피강이 아닌 레드강에서 갈라져 나온 지천(支川)distributary이었고, 레드강은 미시시피강으로 흘러 들어가는 지류(支流)tributary였다. 이렇게 본류와 지류 관계가 엉키면서 더 넓은 강의 물이 선택권을 갖게 되었다. 뉴올리언스와 버즈 풋을 경유하여 멕시코만에 이르는 오래된 경로를 택할 것인가, 아니면 방향을 바꾸어 아차팔라야강이라는 지름길—아차팔라야강은 미시시피강 본류의 맨 끝 몇백 킬로미터보다 훨씬 짧고 유속이 빠르다—을 이용할 것인가. 1800년대 중반까지는 문제가 복잡했다. 아차팔라야강의 강바닥에 가라앉은 거대한 나무줄기들 때문에 걸어서도 건널 수 있을 정도인 구간이 있었기 때문이다. 그러나 이 적체가 해소되자—대표적인 해법은 폭파였다—미시시피강 본류에서 아차팔라야강으로 점점 더 많은 양의 물이 흘러나갔다. 유량의 증가로 아차팔라야강은 더 넓고 깊어졌다.

아무 일 없이 상황이 그대로 흘러갔다면, 아차팔라야강은 점점 더 넓고 깊어져 결국 미시시피강 하류를 다 차지했을 것이다. 그렇게 되면 뉴올리언스는 건조한 저지대가 되고, 강을 따라 성장했던 산업—정유소, 곡물 창고, 컨테이너항, 석유 화학 공장—이 거기에 있을 이유를 잃어버렸을 것이다. 그런 사태는 상상할 수도 없는 일이었으므로 1950년대에 공병대가 개입했다. 공병대는 이전의 곡류 구간—이후 올드 리버Old River라고 불리게 된—를 막고 수문이 설치된 두 개의 거대한 수로를 팠다. 이제는 강물의 경로를 이 시설이 좌우하며, 마치 시간이 아이젠하워 시대에 멈춘 듯 그 흐름을 유지할 것이다.

그 시설을 실물로 보기 한참 전에 이제는 고전이 된 존 맥피의 에세이 〈아차팔라야〉에서 올드 리버 구조물에 관해 읽은 적이 있었다. 그 글은 블랙 코미디 분위기를 띤 교훈적인 우화였다. 맥피의 이야기에서 공병대는 미시시피강의 하도변위를 방지하는 데 온 힘—구체적으로 말하자면, 수백만 톤의 콘크리트—을 쏟아부었고,

성공적인 작업이었다고 믿는다.

1973년 올드 리버 통제 구조물이 통제력을 거의 잃어버려 재앙에 휩싸일 뻔한 후, 한 장군은 이렇게 단언했다. "공병대가 명령하면 미시시피강은 그게 어디든 가게 되어 있다."[31] 맥피는 공병대의 기개와 결단력, 심지어 천재성에 감탄하지만, 에세이 전체로 보면 강력한 반감의 역류가 흐른다. 공병대는 착각에 빠져 있는 것일까? 우리 모두가 그런 것은 아닐까?

맥피는 "이제 인류가 지구와 싸우고, 주어지지 않은 것을 얻고, 파괴적인 적을 무찌르고, 신들에게 항복을 요구하고 기다리며 올림푸스산의 산기슭을 포위할 때, 자연의 힘에 맞선 그 모든 분투―그것이 영웅적이었든 타산적이었든, 무모했든 신중했든―가 반복될 때마다 아차팔라야라는 이름이 떠오를 것"이라고 말한다.

어느 늦겨울, 화창한 일요일 오후에 마침내 올드 리버 통제 구조물을 보러 갔다. 공병대 사무실은 무시무시한 철제 펜스 뒤에 있었는데 아무도 없어 보였다. 그러나 진입로에서 버저를 누르자 치직 소리가 나며 구내 방송이 나오고 곧 조 하비라는 자원 전문가가 입구로 나왔다. 그는 금방이라도 낚시를 하러 갈 것처럼 바짓부리를 녹색 고무장화에 넣어 입고 있었다. 하비는 통제 구조물과 방수로가 내려다보이는 망루로 나를 데려갔다.

우리는 수로에서 소용돌이치는 물을 보며 강의 역사에 관해 이야기를 나누었다. 하비는 이렇게 설명했다. "1990년에는 레드강과 미시시피강을 합쳐서 유수의 10%가량이 아차팔라야강으로 흘러

들어갔습니다. 1930년대에는 약 20%였고, 1950년대에는 30%가 되었지요." 공병대를 개입하게 만든 것이 바로 이러한 추세였다.

"우리는 7 대 3 비율을 유지합니다." 공병대원들은 매일 레드강과 미시시피강 유량을 측정하고 그에 따라 수문을 조정한다. 이날은 초당 약 1100m³를 내보냈다.

"여기서부터 미시시피강 입구까지가 약 507km입니다. 아차팔라야 입구까지는 약 225km니까 절반 정도이고요. 그래서 강물은 아차팔라야 쪽으로 가고 싶어 하죠. 그런데 그렇게 되면⋯." 그는 말 끝을 흐렸다.

방수로에는 두 사람이 작은 모터보트를 타고 낚시를 하고 있었고, 나는 하비에게 무슨 물고기가 잡히는지 물었다. "아, 미시시피강에 있는 건 다 있습니다. 잉어가 엄청나게 많아져서 걱정이에요."

"잉어가 오대호로 못 들어가게 하는 일도 공병대가 맡고 있지요." 하비는 이렇게 덧붙였다. "문제가 있는 모든 곳에는 공병대가 있습니다."

맥피는 1989년에 출간한 에세이집 《자연의 통제The Control of Nature》에 〈아차팔라야〉를 실었다.[32] 그 후로 일어난 많은 일들은 "자연"의 의미는 말할 것도 없고 "통제"의 의미도 복잡하게 만들었다. 수문학자들은 루이지애나 삼각주를 "인간과 자연이 결합된 시스템coupled human and natural system, CHANS"이라고 부르곤 한다. 매우 부자연스러운 표현이지만 우리가 헝클어뜨린 실타래를 깔끔하게 묘사할 방법은 없다. 인간이 틀어쥐고, 바로잡고, 길들이고, 족쇄를 채웠지만, 미시시피강은 여전히 신과 같은 힘을 발휘할 수 있다. 그러나 지금 그것을 강이라고 부를 수 있을까? 지금 올림푸스산을 누가 차지했다고 말하기란 쉽지 않다. 누군가가 차지하기는 한 것일까?

야생으로 들어가다

UNDER   A WHITE SKY

1

1849년 크리스마스를 몇 주 앞둔 어느 날, 윌리엄 루이스 맨리는 산길을 올라 "그 누구도 보지 못한 가장 멋지고 웅장한 폐허"를 바라보았다. 맨리는 현재의 네바다주 남서부, 스털링산에서 멀지 않은 곳에 서 있었다.[1] 그는 미시간의 부모와 고향, 식탁 위에 "가득 쌓인 빵과 콩"을 상상하며 자신의 현재 상황, "허기와 목마름"과 대조적이라고 생각했다.[2] 내려오는 동안 해는 기울고, 그의 생각도 점점 더 어두워졌다. 눈물이 흘렀다. 나중에 회고하기로는 "미래를 알 수 있을 것 같았고, 그 결과가 생각하기 힘들 정도로 쓰디썼기" 때문이었다.

맨리는 일련의 불운한 결정 때문에 사막을 헤매고 있었다. 석 달 전에 그를 포함한 500명의 아르고호 선원들은 황금의 땅을 찾아

캘리포니아 북부로의 여정을 계획하고 솔트레이크시티에 집결했다. 시에라산맥을 넘는 최단 경로를 택하기에는 너무 추워진 때에 솔트레이크에 당도했으므로, 가는 길에 눈을 만나는 사태를 피하기 위해 남쪽으로 급히 경로를 바꾸어 로스앤젤레스로 향했다. 여행 길에 오른 지 몇 주 후, 그들은 오슨 K. 스미스라는 뉴요커의 언변에 홀려 따라나선 또 다른 포티나이너스forty-niners(1849년 전후에 일확천금을 노리고 캘리포니아로 몰려든 사람들.-옮긴이) 무리를 만났다. 스미스는 그가 가진 조악한 지도 한 장을 근거로 서쪽에 더 빠른 다른 길이 있다고 주장했다. 맨리 무리의 대부분이 스미스를 따르기로 했지만, 며칠 후 우마차로 건널 수 없을 만큼 깊은 협곡에 가로막혀 되돌아와야 했다.[3] (스미스 자신도 얼마 못 가서 돌아섰다.) 그사이 맨리를 포함한 수십 명은 지름길로 가고 있다는 환상 속에 앞서 나갔다.

그들도 곧 협곡을 만났는데, 그것은 앞으로 일어날 일에 비하면 별일도 아니었다. 협곡을 둘러 가니 대륙에서 가장 험준한 지형이 등장했다. 백인의 발이 한 번도 닿지 않았을 것 같은 바위투성이 황무지였다. (한 세기 후에 이 땅의 대부분은 핵 실험장이 된다.) 물이 거의 없었고, 어쩌다 물을 찾아도 너무 짜서 마실 수 없었다. 소들은 제대로 먹지 못해 느리고 쇠약해졌다. 맨리의 기록에 따르면, 먹을 것이 없어서 한 마리를 죽였는데 뼈에는 골수 대신 "부패한 것 같은" 핏물이 차 있었다.[4]

맨리는 아내와 어린 자녀 셋이 딸린 한 친구와 동행했다. 그는 우마차들이 갈 길을 미리 걸어가서 살펴보는 일종의 정찰병 임무를 맡았다. 그가 진지로 돌아와 전한 소식은 너무나 실망스러웠고 얼마 안 있어 친구는 아내가 더 이상 견딜 수 없을 것 같으니 그만 말하라고 할 정도였다.[5] 무리가 데스밸리Death Valley—당시에는 미지의 사막이었다—에 가까워질수록 분위기는 점점 암울해졌다. 맨리가 눈물을 떨구고 며칠이 지난 어느 날 밤, 모닥불 주위에 앉아 있던 한 남자는 그 지역을 "세상을 만들고 남은 쓸모없는 찌꺼기를 남겨 놓은 창조주의 쓰레기장"이라고 묘사했다.[6] 또 다른 사람은 여기가 "롯의 아내가 소금 기둥으로 변한 곳"이 틀림없다고 했다. "기둥이 부서져 소금이 이 땅 전체에 퍼진 것"이라는 얘기였다.

데스밸리의 끄트머리에서 잠깐 기운이 날 일이 생겼다. 절벽 바위 사이의 동굴에서 따뜻하고 깨끗한 물을 발견한 것이었다. 몇몇 남자들은 곧바로 뛰어들었고 한 사람은 "정말 상쾌한 목욕을 즐겼다"고 일기에 적었다.[7] 맨리는 물속을 들여다보다가 뭔가 이상한 점을 알아챘다. 웅덩이는 바위와 모래로 둘러싸여 있었고 다른 수역과는 몇 킬로미터나 떨어져 있었는데 거기에 물고기들이 있었던 것이다. 그는 수십 년 후에도 "길이가 기껏해야 3cm도 되지 않는 피라미들"을 기억했다.[8]

❖

포티나이너스가 우연히 마주쳤던 동굴은 현재의 데블스 홀Devils Hole이며, "피라미"는 데블스홀펍피시Devils Hole pupfish, 또는 학명 키프리노돈 디아볼리스Cyprinodon diabolis로 알려져 있다. 데블스홀펍피시는 맨리가 말한 것처럼 약 2.5cm 길이의 어종으로, 사파이어색 몸에 눈은 새까맣고 머리가 몸집에 비해 크다. 가장 쉽게 구별할 수 있는 특징은 다른 펍피시들과 달리 배지느러미가 없다는 점이다.

데블스 홀에 펍피시가 살게 된 연유는 어느 생태학자의 표현처럼 "아름다운 수수께끼"다.[9] 이 동굴은 지질학적으로 독특하다. 그 땅 밑 깊이에 미로처럼 펼쳐진 방대한 대수층(帶水層)은 홍적세로부터 이어지는 물을 담고 있으며, 동굴은 그곳으로 가는 입구와도 같다. 펍피시의 조상이 대수층을 지나왔을 가능성은 없어 보인다. 가장 가능성이 높아 보이는 어류학자들의 추측은 이 지역 전체가 더 습했던 때에 그 물고기들이 빗물에 쓸려 데블스 홀로 왔다는 것이다. 이 종의 서식지는 길이 18m, 폭 2.4m 정도의 웅덩이가 전부로, 척추동물을 통틀어 가장 좁은 서식지라고 알려져 있다.

내가 데블스 홀에 관해 처음 알게 된 것은 그곳에서 일어난 한 범죄 때문이었다. 2016년 어느 따스한 봄날 저녁, 취객으로 보이는 세 남자가 동굴을 둘러싼 철조망 울타리를 기어 올라갔다. 한 사람이 보안 카메라에 총을 쏘고, 옷을 벗은 채 먹을 감은 후, 속옷을 물에 둥둥 띄워 놓고 갔다. 또 다른 사람은 구토를 했다. 이튿날 펍피시 한 마리의 사체가 발견되어 부검이 이루어졌고, 이 때문에 그들은 중범죄 혐의를 받게 되었다. 나는 경찰이 공개한 감시 카메라 영상을 보고 또 보았다. 거친 영상 속에서 그들은 ATV를 타고 울타리까지 올라가고 있었다. 수중 카메라에 잡힌 또 다른 영상에는 물을 첨벙거리며 바위 턱을 따라 걷는 두 발이 찍혔다.[10]

물고기를 부검했다고? 못에서 수영 한 번 했다고 구치소에 갇혔다는 건가? 그 작은 물고기는 어쩌다 모하비 사막 한가운데 고립된 것일까? 이 사건과 관련된 모든 것이 내 흥미를 자극했다. 나는 이것저것 찾아 읽기 시작했고 그러다가 맨리의 회고록 《1849년의 데스밸리Death Valley in '49》와 마주쳤다. 그리고 사막 지역에 다양하고 풍부한 물고기가 산다는 사실도 알게 되었다. 사막 어류 위원회는 멕시코 북부나 미국 서부에서 매년 회의를 개최하는데, 회의 프로그램 소개 자료가 40쪽에 육박하는 일이 흔하다. 펍피시는 수컷들이 영역 다툼을 할 때 마치 강아지들이 레슬링을 하는 모습처럼 보여서 붙여진 이름이라고 한다. 데스밸리 지역에만 11개의 펍피시 종 및 아종이 존재했는데, 한 종은 멸종되었고, 또 다른 한 종은 멸종된 것으로 추정되며, 나머지 아홉 종은 멸종 위기에 처해 있다. 데블스홀펍피시는 아마도 세계에서 가장 희귀한 물고기일 것이다. 종 보존을 위한 노력의 일환으로 일종의 물고기판 웨스트월드(HBO TV 시리즈 〈웨스트월드〉에 등장하는 미래의 테마파크.-옮긴이)가 건설되었다. 실제의 웅덩이와 똑같은 인공 못을 만든 것인데, 심지어 맨발이 카메라에 잡혔던 바위 턱도 그대로 재현했다. 한편, 네바다 핵 실험장의 방사능 물기둥이 데블스 홀로 기어 올라오고 있다. 자료들을 읽으면 읽을수록 데블스 홀에 직접 가보아야겠다는 생각이 솟구쳤다.

미국 국립공원관리국, 미국 어류및야생동물관리국, 네바다주 야생동물부는 데블스홀펍피시의 미래를 위해 협력하고 때로는 티격태격하는 기관들이다. 이 세 기관의 생물학자들은 한 팀을 이루어 해마다 네 차례 이 어종의 개체 수를 파악한다. 데블스 홀 방문을 성사시키는 데에는 꽤 시간이 걸렸고, 마침내 내가 동행하게 된 하계 개체 수 조사일은 기온이 40°C에 육박하는 여름날이었다.

나는 동굴에서 가까운 네바다주 패럼프시에서 연구진과 만났다. 패럼프의 유일한 대로변에는 불꽃놀이 용품 가게, 창고형 마트, 카지노가 늘어서 있다. 거기에서 사막 관목 지대와 아무것도 없는 곳을 번갈아 지나치면서 약 45분을 달리면 데블스 홀이다.

맨리의 시대에는 동굴에 발을 빠뜨리기 전에 그 존재를 알기 어려웠을 것이다. 지금은 철조망이 삐죽삐죽 올라와 있는 3m 높이의 울타리 덕분에 못 보고 지나치는 일이란 있을 수 없다. 생물학자 한 명이 갖고 있던 열쇠로 철문을 열었다. 동굴로 가는 길은 가파르고 미끄러웠다. 태양이 무지막지하게 내리쬐고 있었지만 동굴 바닥은 그늘에 가려 있었다. 한여름에도 웅덩이에 직사광이 들어오는 시간은 하루 중 단 몇 시간에 불과하다.

생물학자들 중 몇 명은 철제 가설재를 끌고 와서 조심스레 임시 통로를 만들고, 또 다른 몇 명은 스쿠버용 산소통을 날랐다. 이 모든 작업의 총 감독은 데스밸리 국립공원관리국 소속의 생태학자 케빈 윌슨이었다. (데블스 홀이 데스밸리에 있는 것은 아니지만—정확히 말하면 퓨너럴산맥 너머 아마고사밸리에 있다—관리 차원에서는 데스밸리 국립 공원에 속한다.) 윌슨은 성인이 된 후의 대부분의 시간을 데블스 홀 펍피시와 함께 보낸, 데블스 홀 최고의 전문가다. 나는 이곳을 방문하기 바로 얼마 전에 잡지 〈하이 컨트리 뉴스〉에서 그의 이름을 보았다. 그것은 데블스 홀 침입 사건이 어떻게 마무리되었는지에 관한 기사였다. 윌슨의 노력으로 나체 수영객은 결국 감옥에 갔다. (토하던 사내는 집행유예를 받았다.) 그 기사는 윌슨을 사막의 형사 콜롬보라고 할 만큼 집요하게 사건을 파헤친 영웅으로 만들었지만 그러면서 그를 근엄한 배불뚝이로 묘사했고, 윌슨은 여전히 기자에게 꽁해 있었다.[11] 마침 그가 옆으로 돌아섰으므로 배가 제대로 보였다.

"배불뚝이로 보입니까?" 그렇게 묻길래 다른 표현을 제안했다. "그럼 '똥배'는 어떠세요?" 다른 때 같으면 윌슨도 잠수 준비를 하고 있었겠지만, 최근 일종의 체력 테스트에서 떨어졌다고 했다. 농담거리가 또 하나 늘어났다.

장비 이동과 조립이 다 끝나자 국립공원관리국의 또 다른 생물학자 제프 골드스타인이 안전 교육을 실시했다. 부상을 입으면 헬리콥터로 이송되어야 하는데 헬리콥터가 도착하기까지 45분 이상 걸릴 수 있으니 조심하라고 했다. 그리고 모두에게 물었다. "펍피시가 몇 마리나 있을지 내기할까요?"

윌슨은 148마리, 역시 국립공원관리국에서 나온 앙브르 쇼두앙은 140마리를 예상했다. 어류및야생동물관리국 소속의 올린 포이어바허와 제니 검은 각각 160, 177마리를 불렀다. 네바다주 소속 브랜던 셍어의 예상은 155마리였다. 쇼두앙과 포이어바허는 부부였는데, 포이어바허가 쇼두앙에게 청혼한 장소가 바로 여기, 데블스 홀이라고 했다. 윌슨이 토하는 시늉을 하며 질색했다.

데블스 홀은 마치 시립 수영장처럼 한쪽이 얕고 다른 쪽은 깊다. 깊은 쪽 끝은 정말 깊다. 국립공원관리국에 따르면 150m 넘게 내려간다고 하는데 아무도 바닥까지 내려갔다가 살아 돌아와서 알려준 적이 없으므로 실제 깊이는 추측만 해볼 뿐이다. 1965년에 두 젊은 다이버가 탐험을 떠났으나 다시 올라오지 못했다. 그들의 육신은 아직 그 아래 어딘가에 있을 것이다. 얕은 쪽 끝은 수면에서 약 30cm 아래에 '선반'이라고 부르는 경사진 석회암 바위 턱이 있다. 이 선반은 펍피시의 산란 장소이자 대부분의 먹이 활동이 이루어지는 터전이다.

골드스타인과 셍어는 티셔츠와 반바지 차림 그대로 마스크와 산소통을 착용하고 뛰어들었고, 몇 초 만에 어둠 속으로 사라졌다. 그동안 쇼두앙, 포이어바허, 검은 선반 위쪽의 물고기 수를 세기 위해 가설한 발판을 네 발로 기어 내려갔다. 그들이 숫자를 불러주면 윌슨이 특별한 기록지에 받아 적었다.

선반 위의 개체수 조사가 끝나자 모두 그늘로 물러나 다이버들의 귀환을 기다렸다. 어느 틈에선가 새끼 부엉이 몇 마리가 빽빽거리고, 해가 기울면서 동굴 서편으로 볕이 들었다. 윌슨이 물을 자주 마시라고 했다. 웅덩이 주변에 바스텁 링 같은 자국이 있는 것이 눈에 띄어 쇼두앙에게 물었다. 그녀는 그것이 달의 인력이 남긴 흔적이라고 했다. 우리 아래에 있는 대수층의 엄청난 규모 때문에 조수 간만의 차가 생기는 것이다.

물속에서 올려다본 데블스 홀.

야생으로 들어가다

펍피시는 이 못의 위쪽에서만 서식하지만—수중 23m 아래에서는 거의 보이지 않는다—그 서식지를 만든 것은 방대한 대수층이다. 사막에서는 밤과 낮, 겨울과 여름의 온도가 드라마틱하게 변한다. 그러나 동굴 안의 물은 지열로 인해 늘 34°C로 일정하고, 용존 산소량도 매우 낮지만 일관되게 유지된다. 높은 수온과 낮은 산소량은 치명적인 조건이다. 데블스홀펍피시는 이러한 환경에 어떻게든 적응하여 진화했으며, 더 중요하게는 이 환경에만 최적화되어 있다. 데블스홀펍피시의 배지느러미가 없어진 것은 환경의 열악함 때문인 것으로 보인다. 여분의 부속 기관은 에너지 낭비다.

마침내 다이버의 헤드램프 불빛이 나타나 탐조등처럼 웅덩이를 가로질렀다. 골드스타인과 셍어가 물 밖으로 나왔다. 셍어는 숫자열이 쓰인 수중 메모판을 들고 있었다.

윌슨은 "그 메모판이 우주의 열쇠를 쥐고 있다"고 단언했다.

일행은 바윗길을 다시 올랐고, 철조망 출입구를 통과해 주차장으로 나왔다. 셍어는 메모판의 숫자를 불러주었고, 윌슨은 선반에서 센 숫자와 합해 총계를 냈다. 195마리였다. 이전 조사 때보다 60마리 늘어났으며, 우리 중 누구도 예상하지 못한 숫자였다. 모두가 서로 하이파이브를 나누었다. 골드스타인은 어깨춤까지 췄다.

"펍피시가 많으면 모두가 이긴 거죠."

나중에 계산해보니 데블스 홀의 펍피시 총 무게는 약 100g으로, 맥도날드 필레 오 피시 한 개보다 약간 가볍다.[12]

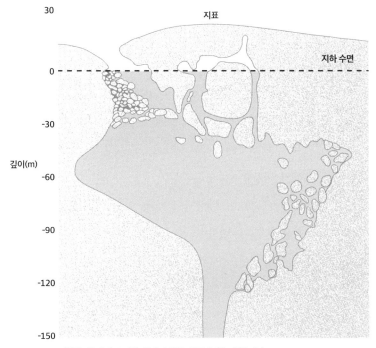

30

지표

지하 수면

0

-30

깊이(m)

-60

-90

-120

-150

데블스 홀 단면도. 좌측 상단이 동굴 입구가 있는 협곡이다.

❖

아르고호 선원들이 황금의 땅으로 출발했을 때 기대한 것은 늘 같은 목표를 가진 사람은 굶주리지 않는다는 것이었다. 맨리는 14세 때 첫 번째 소총을 받았다. 아버지는 근엄하게 말했다. "단탄, 산탄 다 쓸 수 있는 총이란다."[13] 맨리는 곧 능숙한 사냥꾼이 되었고, 그가 잡아 온 비둘기와 칠면조, 사슴은 가족들에게 환영받는 특식이었다. 이십 대 초에는 사냥을 하러 위스콘신까지 가기도 했다. 한번은 사흘 동안 곰 네 마리를 잡았다. 곰 고기를 너무 많이 먹어서 다음 날 종일 구토를 할 정도였다. 그는 후일 이렇게 회고했다. "총과 탄약만 있으면 먹고 살 만큼 사냥감을 죽일 수 있었다." 1849년, 그와 친구들은 솔트레이크시티로 향했다. 가는 길에 맨리가 쓰러뜨린 230kg이 넘는 엘크는 "식도락가에게 꼭 어울리는 최고급 음식"이었다.[14]

그러나 무한정 이용할 수 있는 식품 저장고는 존재하지 않으며, 맨리가 대륙을 가로지르며 야생 동물들을 먹어 치운 것은 후손들이 더 이상 그렇게 할 수 없게 만들도록 기여했던 것이다. 1850년대에 소로우는 뉴잉글랜드 지역의 말코손바닥사슴, 퓨마, 비버, 울버린(작은 곰처럼 생긴 족제비과 포유류.-옮긴이)의 절멸을 한탄하며 이렇게 말했다. "내가 아는 자연이 불구가 된 불완전한 자연이란 말인가?"[15] 한때 야생 칠면조가 가득했던 숲이 1860년대에는 거의 텅 비었다. 대서양에서부터 미시시피강 유역에 이르기까지 어디서나 볼 수 있었던 이스턴 엘크도 1870년대가 되면서 사라진다. 태양을 가릴 만큼 엄청난 규모로 떼를 지어 날던 여행비둘기도 비슷한 시기에 없어졌다. 마지막 대규모 이동—그것은 마지막 대규모 학살이기도 했다—은 1882년에 있었다.[16]

스미스소니언 박물관 수석 박제사이며 나중에 브롱크스 동물원 원장이 된 윌리엄 호너데이는 "1870년 이전에는 아메리카들소의 개체 수를 세느니 숲의 나뭇잎 수를 헤아리는 것이 더 쉬웠을 것"이라고 썼다.[17] 호너데이는 1889년에 "야생에서 보호받고 있지 않은” 들소 숫자가 650마리 미만으로 줄었을 것으로 추정했다. 그는 “우리가 아는 한 이제까지 존재했던 포유류 중 가장 번성했던 종” 이 몇 년 안에 “존재를 표시할 뼈 하나도 지상에 남아 있지 않게 될 것”이라고 예견했다.[18]

구석기 시대에도 인류는 털매머드, 털코뿔소, 마스토돈, 글립토 돈, 북아메리카낙타 등 수많은 종을 망각 속으로 몰아냈다. 폴리네 시아인들은 태평양의 섬에 정착하면서 모아, 모아날로(하와이에 살았 던 거위 같은 오리) 같은 생명체들을 없애버렸다. 유럽인들은 인도양의 섬들에 발을 들여놓으면서 도도새, 레드레일, 마스카렌물닭, 로드리 게스솔리테어, 레위니옹따오기를 비롯해 여러 동물을 절멸시켰다.

19세기에 달라진 점은 폭력이 가해진 속도였다. 이전의 몰살이 점진적으로—너무 점진적이라 몰살에 가담한 사람들조차 무슨 일 이 일어나고 있는지 인식하지 못했을 정도로—이루어진 데 비해, 철도, 연발 소총 같은 기술 발달은 절멸을 쉽게 관찰 가능한 현상으 로 바꾸어 놓았다. 미국에서, 아니 사실 전 세계에서 생물종의 소멸 을 실시간으로 목도할 수 있게 되었다. 알도 레오폴드는 여행비둘 기를 추모하는 에세이에서 이렇게 썼다. “한 종이 다른 종의 죽음을 애도한다는 것은 하늘 아래 전에 없던 일이다.”[19]

20세기에는 익히 알려졌듯이 생물 다양성 위기의 속도가 빨라졌 다. 현재의 멸종 속도는 이른바 배경 비율background rate, 즉 지질학 적 시대 전체의 멸종 속도보다 수백 배, 혹은 수천 배 빠르다.[20] 종 의 소멸은 모든 대륙, 모든 대양, 모든 생물 분류군에 걸쳐서 일어난다. 공식적인 멸종 위기종 외에도 수많은 종이 같은 길을 걷고 있다. 미국 조류학자들은 '급격한 감소세에 있는 조류' 목록을 작성하여 관리하고 있는데, 여기에는 굴뚝칼새, 필드참새, 재갈매기 같은 익숙한 종들도 포함되어 있다.[21] 오랫동안 멸종 위협에 강하다고 알고 있던 곤충들조차도 숫자가 급감하고 있다.[22] 생태계 전체가 위협을 받고 있으며 멸종이 또 다른 멸종을 부르기 시작했다.

❖

데블스 홀에서 직선거리로 1.6km 거리에 가짜 데블스 홀이 있다. 그것은 아무 특징이 없는 격납고 같은 건물에 있으며, 입구에는 두 개의 표지판이 붙어 있다. "주의: 이 지점을 넘어가면 개인 보호 장비가 필요합니다", "경고! 일산화이수소: 각별한 주의를 요함."

처음 방문하던 날 표지판에 관해 물어보니, 화학에 무지한 시위자들의 침입과 훼손 시도를 교묘하게 단념시키는 용도라고 했다. (일산화이수소는 사실 농담으로 부르는 물의 다른 이름이다.) 거기에 들어가려면 오줌처럼 보이는 액체에 발을 담가야 했는데, 다행히 소독약이었다.

내부 벽은 철골 보와 플라스틱 배관, 전선으로 뒤덮여 있었다. 가운데에 콘크리트 수조가 바닥면에서 아래로 파여 있고, 그 둘레에는 역시 콘크리트를 부어 만든 통로가 있다. 공장 같은 풍경이었다. 나는 순간 핵 발전소를 취재할 때 보았던 사용 후 핵 연료봉 저장 수조를 떠올렸지만 이내 깨달았다. 하긴, 가짜 동굴은 내가 아니라

"불쌍한 물고기들의 방황하는 시선을 홀리려고"(16~17세기 영국 형이상학파 시인 존 던의 시 〈미끼The bait〉의 한 구절.-옮긴이) 만든 것이니까.

그 누구도 바닥까지 가본 적 없는 웅덩이를 복제한다는 것은 분명 불가능한 일이며, 이 복제품의 가장 깊은 바닥까지는 6.7m에 불과하다. 그러나 다른 모든 면면은 원본과 흡사하게 만들어졌다. 실제 동굴은 거의 언제나 그늘이 져 있으므로, 복제품의 천장에는 계절에 따라 여닫을 수 있는 루버를 설치했다. 데블스 홀의 수온은 늘 34℃이므로, 모사품에서는 일정한 온도를 유지해 줄 난방 시스템이 가동된다. 한쪽에 선반으로 인한 얕은 구역이 있는 것도 동일한데, 이곳의 선반은 유리 섬유로 코팅한 스티로폼으로, 실제 선반의 레이저 영상을 이용하여 제조했으므로 모양은 똑같다.

펍피시뿐 아니라 데블스 홀 먹이 사슬 대부분이 복제품에 옮겨졌다. 석회암 선반처럼 스티로폼 선반에도 같은 종류의 연둣빛 조류가 둥둥 떠 있다. 물속에는 아주 작은 무척추동물들—트리오니아 *Tryonia*속(屬)의 스프링스네일spring snail, 요각류로 알려진 작은 갑각류, 패충류라고 알려진 또 다른 작은 갑각류, 딱정벌레 두어 종—도 실제와 똑같이 떠다닌다.

수조 안의 상태는 계속 모니터링된다. 예를 들어, pH 농도나 수위가 떨어지기 시작하면 관리 직원들에게 경보가 전달된다. 큰 변동이 일어나면 시스템에서 자동으로 전화를 건다. 이 시설에서 일하는 포이어바허는 한밤중에 전화를 받고 패럼프에 있는 집에서 바로 차를 몰고 나와야 했던 일이 여러 번 있었다고 했다.

모사품을 만들 계획은 2006년에 시작되었다. 그해 봄은 펍피시에게 암울한 계절이었다. 개체 수가 38마리로 최저치를 기록했던 것이다. 포이어바허에 따르면 "사람들이 적잖이 걱정한 일"이었다. 450만 달러짜리 시설을 짓는 동안 펍피시 숫자는 약간 회복되었다. 그런데 2013년, 또 한 번의 개체 수 급감이 있었다. 봄에 실시한 정기 조사 결과 개체 수가 35마리밖에 안 남은 것으로 파악되었고, 아직 시험 단계에 있었던 시설이 급히 가동에 돌입했다. 포이어바허는 이렇게 회상했다. "상부에서 전화가 왔습니다. '다음 분기 조사에 대비해서 뭘 할 수 있습니까?'라고 묻더군요."

동굴 안에서 펍피시의 수명은 약 1년이다. 수조에서는 2년을 생존할 수 있다. 내가 방문했을 때는 인공 데블스 홀을 운영한 지 6년이 된 시점이었고, 다 자란 펍피시 약 50마리가 살고 있었다. 보기에 따라 많다고 할 수도—2013년에는 지구상에 펍피시가 35마리밖에 없었는데 어쨌든 그보다는 15마리나 많으므로—있겠지만, 사실 그리 많은 숫자는 아니다. 포이어바허 외에 이 시설에서 풀타임으로 일하는 연구원이 세 명 더 있으므로, 대략 13마리당 한 명이 물고기를 돌보고 있는 셈이다. 어류및야생동물관리국의 기대에는 확실히 못 미치는 성과다. 포이어바허는 딱정벌레가 문제라고 생각했다.

데블스 홀의 다른 무척추동물들과 함께 들여온 네오클리페오디테스*Neoclypeodytes*속 딱정벌레들은 콘크리트 동굴에 지나치게 잘 적응했다. 야생에서보다 훨씬 더 빠르게 번식했으며, 그러던 중에 펍피시 치어의 맛에 눈떴다. 포이어바허는 어느 날 펍피시의 유생 영상을 포착하는 데 사용되는 특수 적외선 카메라 영상을 보다가 양귀비 씨앗만 한 크기의 딱정벌레 한 마리가 공격을 개시하는 장면을 발견했다.

"마치 뭔가의 냄새를 맡은 개 같더군요." 포이어바허는 이렇게 회상했다. "어린 펍피시 주변을 빙빙 돌면서 점차 좁혀 가더니 달려들어서 반 토막을 냈습니다." (한 번 더 개에 비유하자면, 말코손바닥사슴을 뒤쫓는 스패니얼 같았을 것이다.) 연구원들은 딱정벌레 수를 억제하기 위해 덫을 놓기 시작했다. 덫을 비우려면 촘촘한 그물망으로 내용물을 걸러낸 다음 핀셋이나 피펫으로 그 작은 곤충을 하나하나 골라내야 한다. 나는 1시간가량 연구원 두 명이 허리를 굽히고 작업하는 모습을 지켜보았다. 매일 되풀이해야 하는 일이었다. 하나의 생태계가 제대로 작동하게 한다는 것이 얼마나 힘든 일이며, 그에 비하면 생태계를 망가뜨리는 일은 얼마나 쉬운가! 처음 있는 깨달음은 아니었다.

인류세가 시작된 시점에 대해서는 의견이 크게 갈린다. 명확성을 중요하게 여기는 층서학자(지질학의 한 갈래로 지층을 통해 지구 발달사를 연구하는 이들.-옮긴이)들은 1950년대 초를 그 시작으로 본다. 미국과 소련의 닥터 스트레인지러브(핵전쟁을 소재로 한 스탠리 큐브릭 감독의 블랙 코미디 영화의 등장인물.-옮긴이) 같은 광적인 패권 다툼 속에서 지상

핵실험이 일상화된 시기이기 때문이다. 핵실험은 방사성 입자의 급증이라는 영구적인 표식을 남겼으며 그중에는 반감기가 수만 년에 이르는 물질도 있다.[23]

데블스홀펍피시 문제가 시작된 것도 이 시기다. 우연의 일치는 아닐 것이다. 1952년 1월, 해리 S. 트루먼 대통령은 데블스 홀을 데스밸리 국립 공원에 포함시켰다. 트루먼은 "놀라운 지하 웅덩이"에 살며 "전 세계의 다른 어디에서도" 찾아볼 수 없는 "독특한 사막 어류 종족"을 보호하기 위한 조치라고 발표했다.[24] 그해 봄, 국방부는 데블스 홀에서 북쪽으로 약 80km 떨어진 네바다 핵 실험장에서 여덟 기의 핵폭탄을 터뜨렸으며, 이듬해 봄에는 11기를 추가로 폭발시켰다.[25] 라스베이거스에서도 보이는 버섯구름은 관광객들의 관심을 끌었다.

1950년대가 깊어갈 무렵—그 사이에 더 많은 핵폭탄이 폭발했다—조지 스윙크라는 개발업자는 데블스 홀 주변의 땅을 사들이기 시작했다. 그의 계획은 빈 땅에 핵 실험 현장 노동자를 겨냥한 주택 단지를 건설하는 것이었다.[26] 그는 결국 토지 약 20km²를 매입하여 땅을 파기 시작했다. 동굴에서 불과 240m 거리에 있는 땅도 부지에 포함되었다.

스윙크의 개발은 정체되었고, 결국 그 땅은 1960년대 중반에 또 다른 개발업자 프랜시스 캐퍼트에게 매각되었다. 캐퍼트의 꿈은 사막에 알팔파(콩과의 목초. 주로 가축의 여물로 사용된다.-옮긴이)를 꽃피우는 것이었다. 그런데 그가 대수층에서 물을 퍼올리자 곧바로 데블스 홀의 수위가 낮아지기 시작했다. 1969년 말까지 20cm가 낮아졌으며, 이듬해 가을까지 25cm가 더 낮아졌다. 수위가 낮아질 때마다 얕은 쪽 선반은 수면 위로 점점 더 많이 드러났다. 1970년 말, 펍피시의 산란장은 여객기 내 조리실만 한 면적밖에 남지 않았다.[27] 이때 네바다 대학교의 한 생물학자가 펍피시 번식을 위한 가짜 선반을 만드는 아이디어를 냈다. 판재와 스티로폼으로 만든 가짜 선반은 웅덩이의 깊은 쪽 끝에 설치되었다. 깊은 쪽 끝은 얕은 쪽 끝에 비해 빛이 훨씬 덜 들어오므로, 국립공원관리국은 이 차이를 보완하기 위해 150와트짜리 전구를 줄줄이 달아놓았다.[28] (가짜 선반은 결국 2400km나 떨어진 알래스카에서 발생한 지진으로 파괴되었다. 대수층의 규모가 너무 커서 데블스 홀에 지진의 여파로 인한 미니 쓰나미가 일어난 것이었다.)

한편, 예비 개체군을 구축하기 위해 동굴에 살던 펍피시 수십 마리가 데스밸리 서쪽의 설린밸리, 데스밸리 기슭의 그레이프바인 수원지, 데블스 홀 인근의 퍼거토리 수원지, 그리고 프레즈노 주립 대학교의 한 교수—그는 수족관에서 펍피시를 키울 계획이었다—에게 보내졌다.[29] 그러나 피난처를 만들어주려던 이 초기의 노력은 모두 실패로 돌아갔다.

선반의 4분의 3 이상이 물 밖으로 드러난 1972년, 연방 정부는 프랜시스 캐퍼트의 캐퍼트 엔터프라이즈를 고소하는 것 외에 다른 대안이 없다고 판단했다. 법무부 측에서는 트루먼 대통령이 데블스 홀을 국립 공원에 포함시킴으로써 유보지로 지정했을 때는 잠재적

펍피시 보호를 지지하는 쪽의 범퍼 스티커.

으로 펍피시가 생존하기에 충분한 물의 확보도 포함하는 의미라고 주장했다. **캐퍼트 대 연방 정부 소송**은 결국 연방 대법원까지 가게 되는데, 그 과정에서 네바다 주민들을 분열시켰다. 어떤 사람들은 펍피시가 사막이 지닌 깨지기 쉬운 아름다움의 상징이라고 보았고, 어떤 사람들은 과도한 정부 규제의 상징으로 여겼다. 자동차들에 "펍피시를 구하라"라는 범퍼 스티커가 붙기 시작했다. 그러자 반대파 스티커도 등장했다.[30] "펍피시를 죽여라."

　캐퍼트 대 연방 정부의 소송에서 결국 캐퍼트가 패소했다. (펍피시의 9:0 완승이었다.) 어류및야생동물관리국은 이후 수십 년에 걸쳐 캐퍼트의 땅을 매입하여 애시 메도스 국립 야생 동물 보호 구역으로 전환했다. 현재 보호 구역에는 피크닉 탁자 몇 개와 산책로, 펍피시 봉제 인형—마치 화가 잔뜩 난 풍선처럼 생겼다—같은 기념

펍피시 보호를 반대하는 쪽의 범퍼 스티커.

품을 판매하는 방문자센터가 있다. 센터 앞에 붙어 있는 안내문에
는 캐퍼트 소유지가 누위비와 니웨라는 두 원주민 부족 조상의 땅
에 걸쳐 있었다고 적혀 있다. 여자 화장실에는 에드워드 애비의
《태양이 머무는 곳, 아치스》한 구절이 새겨진 명판이 있다. (가보지
못했지만, 아마 남자 화장실에도 그럴 것이다.) 유타주 아치스 국립 공원에
서 경비대원으로 일한 경험을 기록한 책이지만, 애비가 실제로 원
고 대부분을 써 내려간 곳은 데블스 홀에서 불과 몇 킬로미터 떨어
진 사창가의 한 술집이었다. 그는 "물, 물, 물"을 되뇌었다.[31]

이곳 사막은 물이 부족한 것이 아니라 정확히 필요한 양, 물과 바위, 물
과 모래가 꼭 알맞은 비율을 이루는 양이 있는 것이며, 그 덕분에 식물
과 동물 사이, 집과 마을과 도시 사이에 넉넉한 간격으로 넓고 자유롭

고 개방된 영역이 확보되어 건조한 서부가 이 나라의 다른 지역과 차별화되는 것이다. 도시가 없어야 할 곳에 도시를 세우려 들지 않는 한, 여기에 물이 부족할 일은 없다.

인공 데블스 홀을 관리하는 제니 검의 사무실이 바로 이 방문자 센터 건물의 일반인 통제 구역에 있다. 하루는 아침에 이곳에 잠시 들러 그와 이야기를 나누었다. 행동 생태학자인 제니 검은 텍사스에서 네바다로 자리를 옮긴 지 얼마 안 되어 새로운 일에 대한 열의가 넘쳤다.

"데블스 홀은 무척 특별한 장소예요. 지난번처럼 거기에 내려가는 경험은, 다른 사람들은 어떨지 모르지만 적어도 저에게는, 아직 조금도 지겨워지지 않았고 앞으로도 한동안은 그럴 일이 없을 겁니다."

검이 휴대전화를 꺼내 사진 한 장을 보여주었다. 전날 저녁 인공 데블스 홀에서 일하는 직원이 수조에서 꺼낸 펍피시 알이라고 했다. "아마 오늘은 심장 박동이 있을 거예요. 보고 가세요." 현미경의 접안렌즈를 통해 촬영된 펍피시 알은 마치 유리구슬 같았다.

물고기—예컨대, 백련어—는 많은 경우 한 번에 수천 개의 알을 낳는다. 그 덕분에 양식이 가능하다. 데블스홀펍피시는 한 번에 깨알만 한 알을 딱 하나씩만 낳는다. 그리고 동족에게 먹히는 일도 종종 있다.

우리는 검의 트럭을 타고 인공 데블스 홀로 이동했다. 물이 보글

거리며 흐르는 유리 수조 여러 개와 갖가지 장비가 줄지어 있는 펍피시 양어장에 들어가니 포이어바허가 있었다. 그는 작은 플라스틱 접시에서 알이 떠 있는 위치를 확인하고 현미경 재물대에 올렸다.

2013년 이 복제품을 급히 가동하려고 했을 때, 어류및야생동물 관리국이 첫 번째로 해결해야 할 과제는 이곳에 서식할 입주자를 구하는 일이었다. 지구상에 남아 있는 펍피시가 달랑 35마리뿐이었으므로 국립공원관리국은 번식을 위해 단 한 쌍을 옮기는 것도 거부했다. 사실 처음에는 알 하나조차 내주려 하지 않았다. 논쟁과 분석이 몇 달 동안 이어졌고, 결국 비수기, 즉 너무 춥거나 더워서 동굴에서 알이 생존할 확률이 낮은 계절에 알을 수집하도록 허락했다. 그해 여름, 알 하나가 채취되었으나 부화에 이르지 못했다. 겨울까지 기다려 42개의 알을 수집했고, 다행히 그중 29개가 무사히 성어가 되었다.

현미경에 놓인 알은 수조 안의 펍피시가 딱정벌레 문제에도 불구하고 번식을 하고 있다는 증거였다. 인공 선반에 알 수집을 위한 작은 매트가 설치되어 있는데, 거기서 채취한 알이었다. 매트는 해어진 섀기카펫 조각 같았다. "이건 좋은 신호입니다." 검이 말했다. "매트 주변에 잡아먹히지 않은 알이 더 있을 수 있거든요."

알에서 정말 심장 박동이 확인되었다. 밝은 보랏빛 소용돌이도 보였는데, 그것은 막 생기기 시작한 색소 세포였다. 그 작은 알에서 고동치는 작은 심장이라니, 나는 내 아이들의 첫 초음파 영상, 그리고 에드워드 애비의 또 한 구절이 떠올랐다. "지구상의 모든 생명체는 친척이다."[32]

검은 가능한 한 매일 시간을 내 수조에 와서 펍피시만 바라본다고 했다. 그날 오후에는 나도 그와 함께 수조를 지켜보았다. 데블스홀펍피시에게는 그들만의 화려함이 있다. 나는 웅덩이의 깊은 쪽끝에서 장난을 치고 있는 한 쌍을 발견했다. 어쩌면 서로를 희롱하고 있었던 것 같기도 하다. 푸른 줄무늬가 반짝거리는 물고기 두 마리가 마치 2인무를 추듯 서로를 빙빙 돌다가 이내 한 마리가 무지갯빛 여운을 남기며 사라졌다.

"사막의 작은 물웅덩이를 작은 펍피시 떼가 가로지르는 모습을 보고 있노라면 경이로움에 관해 매우 중요한 무엇인가를 발견하게 된다."[33] 생태학자 크리스토퍼 노먼트가 진짜 데블스 홀을 방문한 후 쓴 글이다. 나는 파이프로 물을 공급하고 소독하는 것을 볼 때 같은 느낌을 받았다. 그러나 수조 안의 물고기를 내려다보면서는 어떤 경이로움을 느낄 수 있는 것일까?

❖

우리는 때로 자연―또는 적어도 자연이라는 개념―이 문화와 얽혀 있는 것을 본다. 자연에 대비되는 테크놀로지, 예술, 의식 등이 등장하기 전에는 오로지 '자연'밖에 없었으므로 자연이라는 범주를 쓸 일이 없었다. '자연'이라는 말이 발명되었을 때 이미 그 개념 안에 문화가 얽혀 있었던 것 또한 사실이다. 늑대는 2만 년 전에 길들여졌다. 그 결과 새로운 종(또는 아종)과 함께 '길들여진' 것과 '야생'

이라는 두 개의 범주가 탄생했다. 약 1만 년 전에 시작된 밀의 재배는 식물계를 '작물'과 '잡초'로 갈라놓았다. 인류세라는 '멋진 신세계'에 들어서면서 이러한 분열은 기하급수적으로 늘어난다.

'시난트로프synanthrope'라는 것이 있다. 그리스어로 '함께'라는 뜻의 syn, '인간'이라는 뜻의 anthropos가 합쳐진 단어인 이것은 가축으로 길들여지지 않았는데도 어떤 이유에서인지 농장이나 대도시의 삶에 유독 잘 적응한 동물을 말한다. 라쿤, 미국까마귀, 생쥐, 아시아 잉어, 생쥐, 수십 종의 바퀴벌레가 시난트로프에 속한다. 코요테는 인간의 생태계 교란에서 득을 보면서도 인간 활동이 밀집한 구역은 둘러 가는 습성이 있어서 "사람을 싫어하는 시난트로프"로 불린다.[34] 식물학에서 '아포파이트apophyte'는 사람들이 유입될 때 번성하는 토종 식물이고, '안트로포파이트anthropophyte'는 사람들이 돌아다닐 때 번성하는 식물이다. 안트로포파이트는 유럽인이 신세계에 도착하기 전에 퍼진 '아키오파이트archaeophyte'와 그 후에 퍼진 '키노파이트kenophyte'로 나뉜다.

물론 인간과 함께 번창한 종보다 쇠퇴한 종이 훨씬 더 많으며, 따라서 그 종들을 분류하기 위한 암울한 용어들이 필요해졌다. 이른바 적색 목록Red List을 작성, 관리하는 세계자연보전연맹INCN에 따르면 어느 종이 한 세기 안에 사라질 확률이 10% 이상으로 추정될 때 '취약종'으로 간주된다. 어느 종의 개체 수가 10년 또는 3세대 중 더 긴 기간에 걸쳐 50% 이상 감소하면 '절멸 위기종'으로 분류한다. 같은 기간 동안 80% 이상 사라지면 '절멸 위급종'이 된다. 사라진 종은 INCN의 용어로 '절멸종'이나 '야생 절멸종', 또는 '절멸 추정종'이라고 부른다. 절멸 추정종이란 "모든 증거를 고려할 때" 사라진 것으로 보이지만 그 사라짐이 아직 확정적이지 않은 경우를 일컫는다. 쓰시마관코박쥐, 왈드론붉은콜로부스, 엠마자이언트 쥐, 뉴칼레도니아쏙독새를 비롯해 수백 종의 동물이 현재 절멸추정종 목록에 들어 있다.[35] 마우이섬의 토종 꿀먹이새인 포오울리는 자연에서 더 이상 볼 수 없게 되었지만 액체 질소 안에 세포로 보존되어 있다. (이와 같이 독특한 가사 상태로만 존재하는 종을 가리키는 용어는 아직 만들어지지 않았다.)

생물 다양성 위기를 이해하는 방식 중 하나는 그냥 받아들이는 것이다. 어쨌든 생명의 역사에 변곡점을 찍은 것은 대멸종, 그리고 그 다음의 더 큰 대멸종이었다. 백악기의 종말을 초래한 대멸종은 지구상의 모든 종 가운데 75%를 쓸어버렸다. 누구도 그들을 위해 울어주지 않았고, 결국 인간이라는 새로운 종이 진화하여 그 자리를 차지했다. 하지만 그 이유가 무엇이었든 간에—생명에 대한 본능적 사랑biophilia이나 신의 창조물에 대한 배려였을 수도 있고, 심장을 멎게 하는 공포 때문이었을 수도 있다—인류는 공룡을 멸종시킨 소행성 같은 존재가 되고 싶어 하지 않는다. 그래서 우리는 새로운 범주의 동물을 창조했다. 그것은 우리가 벼랑 끝으로 몰았다가 다시 데려온 동물들이다. 이러한 동물을 일컫는 공식적인 용어는 "보전 조치에 의존하는conservation-reliant 종"이지만 박해자에 대한 절대적인 의존을 볼 때 "스톡홀름 종"이라고 불러도 좋을 것이다.[36]

데블스홀펍피시는 스톡홀름 종 중에서도 고전에 속하는 예다. 1960년대에 동굴 안의 수위가 떨어졌을 때 국립공원관리국이 설치한 가짜 선반과 전구가 펍피시를 살렸다. 법원이 동굴 인근의 펌프 가동을 중단시키자 수위가 서서히 올라왔지만 대수층은 온전히 회복되지 않았다. 지금도 동굴의 수위는 원래보다 약 30cm가 낮은 상태다. 결과적으로 웅덩이 안의 생태계는 변화했고, 먹이 그물은 허약해졌다. 국립공원관리국은 2006년부터 물고기를 위한 음식 배달 업체처럼 브라인슈림프, 요정새우 등의 보충식을 가져다 넣어주고 있다.

38만 리터짜리 피난 수조에 사는 펍피시는 겜, 포이어파허를 비롯한 물고기 위스퍼러들의 돌봄 없이 한 계절도 살아낼 수 없다. 수조 안의 환경 조건은 진짜 데블스 홀의 취약점 하나만 빼고 가능한 한 자연 상태를 그대로 모방한 것이다. 그 취약점은 인간이다. 이 복제품이 인간의 파괴 행위로부터 벗어날 수 있는 것은 그것이 완전한 인공의 산물이기 때문이다.

펍피시처럼 보전 조치에 의존하는 종이 얼마나 되는지에 대한 정확한 집계는 없지만, 아무리 적게 잡아도 수천 종은 될 것이다. 그들을 생존케 하는 도움의 형태도 매우 다양해서, 먹이 제공, 인공 번식 외에도 중복 산란 유도, 헤드스타팅headstarting(멸종 위기 동물을 보호하기 위해 새끼를 인공 사육하여 성체가 된 후 방사하는 방법.-옮긴이), 보호 또는 접근 차단을 위한 울타리 치기, 계획 소각, 킬레이션chelation(종 보존을 방해하는 요소의 제거를 뜻함.-옮긴이), 서식지 이동 유도, 인공 수

분, 인공 수정, 포식자 회피 훈련, 조건적 미각 기피 행동 유도 등이 있으며 이 목록은 계속 늘어나고 있다. 《월든》에서 소로우가 말했듯이, "옛 세대에게 옛날의 방식이 있었듯이, 새로운 세대에게는 새로운 방식이 있는 법이다."[37]

❖

애시 메도스 국립 야생 동물 보호 구역은 약 93km²로 뉴욕 브롱크스의 면적과 비슷하다. 이 구역에는 전 세계의 다른 어디에서도 볼 수 없는 동식물 26종이 산다. 방문자센터에서 받은 브로셔에 따르면 이곳은 "미국에서 가장 크고, 북미에서 두 번째로 큰 고유종 밀집 지역"이다.

가혹한 조건이 다양성을 낳는다는 것이 교과서적 다윈주의다. 사막의 개체군은 마치 섬에서처럼 먼저 물리적으로, 그 다음에는 번식 차원에서 고립된다. 그런 의미에서 모하비 사막, 그리고 그에 인접한 그레이트베이슨 사막의 물고기들은 갈라파고스 군도의 핀치새처럼 모래로 만들어진 바다에서, 그들만의 섬인 작은 물웅덩이에 서식하고 있는 것이다.

이 '섬' 중 많은 수는 그곳에 무엇이 살고 있었는지 기록하기도 전에 말라버렸다. 1903년에 메리 오스틴은 "서부의 모든 개울은 관개 수로가 될 운명"이라고 썼다.[38] 패러나겟스파인데이스(1938년, 이하 연도는 마지막으로 잡히거나 목격된 시기를 뜻한다), 라스베이거스데이스(1940년), 애시메도스풀피시(1948년), 레이크래프트랜치풀피시(1953

년), 테코파펍피시(1970년)는 그나마 오래 살아남아 멸종을 기록에 남길 수 있었다.[39]

또 다른 사막 펍피시 종류인 오언스펍피시는 멸종된 것으로 여겨졌으나 1964년에 다시 발견되었다. 피시 슬러Fish Slough라고 불리는 방 하나 크기의 연못에서 간신히 버티고 있던 1969년, 불분명한 이유로 물이 말라갔다. 캘리포니아주 어로및수렵부 소속 생물학자 필 피스터는 누군가의 신고를 받고 현장으로 달려갔다. 피스터는 인근의 샘물로 피신시키기 위해 피시 슬러에서 오언스펍피시를 건져 올렸다. 남아 있는 펍피시를 모두 담는 데는 양동이 두 개밖에 필요하지 않았다.

그는 나중에 이렇게 회고했다. "죽을 만큼 겁에 질려 있던 기억이 생생하다.[40] 나는 50m쯤 걸었을 무렵 척추동물 한 종 전체의 운명이 문자 그대로 내 손안에 달려 있다는 것을 불현듯 깨달았다. 피스터는 그 후 수십 년을 오언스펍피시와 데블스홀펍피시를 구하는 데 바쳤다. 사람들은 그 미물들에게 그렇게 오랜 시간을 쏟아붓는 이유를 묻곤 한다.

"펍피시가 무슨 쓸모가 있지요?"

그들은 따지듯 묻는다. 그러면 피스터는 이렇게 대답한다.

"당신은 무슨 쓸모가 있나요?"

모하비에서 나는 가능한 한 많은 물고기를 보려고 '섬'에서 '섬'으로 순례를 다녔다. 데블스 홀에서 멀지 않은 한 연못에는 애시메도스아마고사펍피시Ash Meadows Amargosa pupfish, *Cyprinodon nevadensis* *mionectes*가 산다. 그 연못을 둘러싸고 있는 황량한 풍경은 맨리의 조난 상황을 연상시켰다. 도로에서 불과 200~300m 걸어나왔을 뿐인데 여기서 누가 죽어도 아무도 모를 수 있겠다는 생각이 들었다. 데블스 홀 펍피시를 닮았지만 더 창백한 빛깔인 애시메도스펍피시가 바쁘게 움직이고 있었다. 서로 희롱하는지 싸우는지는 알 길이 없었다.

여기서 50km 떨어진 캘리포니아주 쇼쇼니 마을에는 또 다른 아종인 쇼쇼니펍피시Shoshone pupfish, *Cyprinodon nevadensis shoshone*가 산다. 오언스펍피시처럼 쇼쇼니펍피시도 멸종된 줄 알았다가 다시 발견되었다. 쇼쇼니펍피시가 다시 모습을 드러낸 것은 자동차 캠핑장과 인접한 암거에서였다. 자동차 캠핑장의 소유주는 이 마을의 유일한 음식점과 유일한 가게도 소유하고 있는 수전 소렐스다. 그는 여러 주 정부 기관의 도움으로 쇼쇼니펍피시가 살 수 있는 인공 연못을 만들었고, 데블스 홀을 복제한 것보다 훨씬 더 실효성이 있었다.

소렐스는 "멸종된 줄 알았던 종이 번성하는 종으로 거듭난 것"이라고 표현했다. 펍피시 연못에 물을 대는 온수 시스템은 동네 수영장에도 이용된다. 나는 어느 날 오후 열기를 식히러 수영장에 갔다. 수염을 기른 한 남자도 있었는데 그가 돌아섰을 때 나는 불안해졌다. 등에 새겨진 두 개의 커다란 하켄크로이츠 문신 때문이었다.

패럼프에도 그곳의 고유종인 패럼프풀피시Pahrump poolfish, *Empetrichthys latos*가 있었고, 이 물고기는 지금도 존재한다. 다만, 슬프게도 지금은 패럼프에 있지 않다. 원서식지인 연못에 누군가가 금붕어를 풀어놓았고(고의였는지 우연이었는지는 알 수 없다), 금붕어의 번성과 함께 풀피시는 몰락했다. 1960년대의 지하수 펌핑은 상황을 더 악화시켰다. 1971년, 연못이 완전히 말라버리기 직전, 네바다 대학교 생물학 교수 짐 디컨이 최후의 구조 작전을 폈다. 그도 피스터처럼 남아 있는 물고기들을 건져 양동이에 담았고, 간신히 32마리를 구했다.[41] 혹은, 적어도 그렇게 알려져 있다.

구조 작전 후 패럼프풀피시는 일종의 디아스포라 신세가 되었고 트럭에 실려 이 연못 저 연못을 전전했다. 네바다주 야생동물부 소속 생물학자 케빈 과달루페는 패럼프풀피시에게 모세와 같은 존재다. 내가 그를 만난 것은 라스베이거스에 있는 그의 사무실에서였는데, 벽에 네바다 토종 어류 40종이 그려져 있는 포스터가 붙어 있었다. 그는 포스터를 가리키며 말했다. "이 어종 모두가 멸종 위기에 처해 있습니다." 그가 건넨 명함에도 잣 한 알 크기의 풀피시 그림이 있었다.

실제로 본 패럼프풀피시는 약 5cm 길이였고, 검은색과 노란색이 섞인 무늬가 있는 몸통에 지느러미도 노르스름했다. 데블스홀펍피시처럼 패럼프풀피시도 척박한 환경에서 진화하면서 자연스럽게 최상위 포식자가 되었다. 과달루페가 하는 일 중 상당 부분은 풀피시가 진짜 포식자를 마주해 위험에 빠지지 않게 하는 것이다. 사람들이 계속해서 사막에 새로운 종을 들여오면 그 때마다 새로운 위기가 발생한다.

과달루페는 이렇게 말했다. "늘 머리카락에 불이 붙은 채로 뛰어다니는 꼴이지요." 우리는 패럼프에서 약 80km 거리의 스프링 마운틴 랜치 주립 공원에서 풀피시 1만 마리가 서식했던 호수의 흔적을 보러 갔다. (이 목장은 한때 하워드 휴스(미국의 투자가이자 영화 제작자, 비행사이자 공학자.-옮긴이) 소유였지만, 휴스가 이곳에 왔을 것 같지는 않다. 목장을 매입할 당시 그는 세균에 대한 편집증적 우려 때문에 라스베이거스의 호텔방을 벗어날 수 없었기 때문이다.) 누군가가 수족관을 호수에 비웠고, 수족관에서 온 포식자에 대처할 길이 없던 풀피시는 사실상 모두 희생되었다고 했다. 사람들은 외래종을 제거할 목적으로 호수의 물을 모두 뺐다. 지금은 황토 바닥이 햇볕에 쩍쩍 갈라져 있다. 환경 사학자 J. R. 맥닐은 마르크스의 말을 빌려 이렇게 표현했다. "인간은 자신이 살아갈 생물권을 스스로 만들지만, 그것을 자신의 뜻대로 만들지는 못한다."[42]

패럼프에서 약 65km 떨어진 국립 사막 야생 동물 보호 구역에서 우리는 위기에 처한 또 다른 연못을 둘러보았다.

과달루페가 "저기에 하나 있네요"라고 말하면서 가리킨 곳에는 작은 바닷가재 비슷한 것이 진흙 틈에서 머리를 내밀고 있었다. 붉은늪가재라고 했다. 붉은늪가재는 멕시코에서 플로리다팬핸들(플로리다주에서 앨라배마주 쪽으로 프라이팬 손잡이처럼 가늘게 뻗어 있는 지역.-옮긴이)에 걸쳐 서식하는 멕시코만 연안의 토착종으로, 여러 지역에 퍼지게 된 것은 사람들이 좋아하는 식재료였기 때문이다. 그런데 이 가재가 좋아하는 식재료가 바로 풀피시다. 과달루페는 풀피시에게 살아남을 길을 터주기 위해 산란장으로 이용할 만한 가짜 암초를 만들었다. 가짜 암초는 매끈한 플라스틱 실린더로 만들었으며, 꼭 대기에만 인공 잔디를 덮었다. 과달루페는 이 실린더가 미끄러워서 굶주린 가재가 기어 올라올 수 없기를 바랐다.

마지막으로 방문한 풀피시 피난처는 라스베이거스의 한 공원 안에 있었다. 우리가 거기에 도착했을 때는 정오 즈음이었고, 제정신인 사람이라면 그런 펄펄 끓는 온도에 야외에 나올 리 없는 날씨였다.

네바다에서의 마지막 밤, 나는 창밖으로 에펠탑이 보이는 방에 묵었다. 라스베이거스 스트립 거리에 있는 파리 호텔이었고, 에펠탑은 수영장에 세워진 모형이었다. 수영장 물은 부동액처럼 파랬다. 수영장에서 멀지 않은 어딘가에서 뿜어내는 비트의 쿵쿵거림이 꼭 닫은 7층 창문을 뚫고 둔탁하게 진동했다. 나는 술 한잔이 절실했다. 그러나 로비로 다시 내려가 프랑스어의 폭격―르 콩시에르쥬, 레 투왈렛, 라 레셉시옹 따위―을 뚫고 가짜 프랑스 술집까지 갈 엄두가 나지 않았다. 그리고 복제 동굴에 사는 데블스홀펍피시가 생각났다. 암울한 순간에 그 물고기들의 기분이 이랬을까?

2

루 스 게이츠는 초등학생 시절 TV 속의 바다와 사랑에 빠졌다. 그의 넋을 빼앗은 것은 〈자크 쿠스토의 해저 세계The Undersea World of Jacques Cousteau〉라는 다큐멘터리였다. 색채와 형태, 다양한 생존 전략 등 파도 아래의 삶은 지상의 삶보다 더 화려해보였다. 다큐멘터리에서 본 것이 거의 전부였지만 그는 해양 생물학자가 되기로 결심했다.

게이츠는 이렇게 말했다. "쿠스토는 텔레비전 화면 속에 있었지만 다른 어느 누구도 할 수 없었던 방식으로 바다의 비밀을 알려주었습니다."

게이츠는 영국에서 자라 뉴캐슬 대학교에 입학했다. 그곳의 해양과학 수업 내용은 주로 북해가 배경이었다. 그가 어린 시절의 황홀감을 다시 한번 느낀 것은 산호초에 관한 수업을 들을 때였다. 산호는 아주 작은 동물인데 그 세포 안에 더 작은 식물이 산다고 했다. 게이츠는 어떻게 그런 배열이 가능한지 의아했다. "내 머리로는 도무지 이해할 수가 없었어요." 1985년, 그는 산호와 그 공생자를 연구하기 위해 자메이카로 떠났다.

그런 일을 하게 된다는 것은 흥분되는 일이었다. 새로운 분자 생물학 연구 기술은 생명체의 가장 내밀한 차원을 들여다볼 수 있게 해 주었다. 그러나 그것은 가장 불편한 시간이기도 했다. 카리브해의 산호초가 개발 또는 남획과 오염 때문에 죽어가고 있었기 때문이다. 이 지역의 산호초 대부분을 만드는 사슴뿔산호와 큰사슴뿔산호가 어떤 질병—이 병은 훗날 화이트밴드병으로 불리게 된다—으로 전멸하고 있었다. (현재 두 종 모두 절멸 위급종으로 분류된다.) 1980년대를 지나면서 카리브해 산호 표피가 절반가량 사라졌다.[1]

게이츠는 UCLA와 하와이 대학교에서 연구를 이어갔다. 그러는 동안에도 산호초의 앞날은 점점 더 암울해져 갔다. 기후 변화는 해수 온도를 여러 생물 종의 한계를 넘어서는 정도로 상승시켰다. 1998년에는 수온의 급격한 상승으로 대규모 백화 현상이 일어나 전 세계 산호의 15% 이상이 죽었다.[2] 대규모 백화 현상은 2010년에도 일어났으며, 2014년에 시작된 해양 폭염은 거의 3년 동안 누그러지지 않았다.

온난화의 위험에 더하여 해양의 화학적 성질이 크게 변화했다는 점이 상황을 더욱 악화시켰다. 산호는 알칼리성 물에서 잘 사는데,

화석 연료 사용으로 발생한 온실 기체가 바다를 산성화한 것이다. 한 연구진은 온실 기체 증가가 앞으로 몇십 년 더 계속되면 산호초가 "성장을 멈추고 용해되기 시작할 것"이라고 예상했다.[3] 또 다른 연구진은 21세기 중반이 되면 그레이트배리어리프 같은 곳을 방문해도 "빠르게 침식되는 잔해 더미"만 보게 될 것이라고 예측했다.[4] 게이츠는 차마 자메이카로 돌아갈 수 없었다. 그가 사랑했던 것들이 이제는 그곳에 거의 남아 있지 않았다.

그러나 게이츠는 그의 말마따나 "늘 물이 반이나 남았다고 생각하는" 낙관론자였다. 그는 죽은 줄 알고 포기했던 산호초 일부가 되살아나고 있다는 사실을 알게 되었다. 그중에는 자신이 익히 잘 알고 있는 산호초도 있었다. 특정 산호를 더 강하게 만드는 요인이 있는 것이 아닐까? 그리고 그 특성을 식별해낼 수 있다면? 그러면 해양 생물학자가 두 손만 맞잡고 안절부절못하는 것 외에 할 수 있는 일이 생길 것이다. 더 강한 산호를 번식시키는 일이 가능하다면 전 세계의 산호초를 산성화와 기후 변화에 견딜 수 있도록 개량하는 일도 가능하지 않을까?

게이츠는 이 아이디어를 오션 챌린지라는 콘테스트에 응모했고, 당선되었다. 상금 1만 달러는 손바닥만 한 실험실을 운영하기에도 턱없이 부족했지만 콘테스트를 주최한 재단은 더 상세한 제안서를 요청했고, 이 연구 계획에 대해 400만 달러의 보조금을 지급했다. 이 보조금에 관련된 기사에서 게이츠와 동료들은 "슈퍼 산호"를 만들 계획이라고 했는데, 게이츠의 대학원생 한 명이 만든 로고가 인간으로 치면 가슴 부분에 빨간색의 큰 S자가 있는 산호초 그림인 것을 보면 그도 이 개념에 동의한 것 같다.

❖

나는 2016년 봄 게이츠를 만났다. 그가 슈퍼 산호 보조금을 받은 지 약 1년 후, 하와이 해양생물학연구소 소장으로 임명된 지 얼마 안 되었을 때였다. 오아후섬 카네오헤만의 모쿠올로에라는 작은 섬 전체가 이 연구소의 시설이다. (시트콤 〈길리건의 섬Gilligan's Island〉을 본 적이 있다면 오프닝 장면에서 이 섬을 보았을 것이다.) 모쿠올로에로 가는 대중교통은 없다. 방문객이 부두에 나타나면 그리고 연구소 보트 운항사가 그 사실을 알고 있다면 데리러 나올 것이다.

나를 데리러 나온 것은 게이츠였고 우리는 그의 연구실까지 함께 걸었다. 널찍하고 온통 하얀 방이었다. 창밖으로 해변이 내다보였고 그 너머에는 군사기지가 있었다. 진주만 공습 직전에 일본군에게 폭격을 당한 하와이의 해병대 기지였다. 게이츠는 카네오헤만이 슈퍼 산호 프로젝트의 영감을 주었다고 했다. 이 만은 거의 20세기 내내 오수가 방출되던 곳이었다. 1970년대에는 산호초 대부분이 황폐화되었고 해초가 그 자리를 점령해 물이 뿌연 녹색으로 바뀌었다. 결국 하수 처리 시설이 마련되었고, 이후 주 정부는 환경단체인 네이처 컨저번시, 하와이 대학교와 함께 해저에서 조류를 빨아들이는 장치—간단히 말하자면, 거대한 진공 호스를 장착한 바지선—도 고안했다. 그러자 점차 산호초가 되살아나기 시작했다.

현재 카네오헤만에는 이른바 패치 산호초patch reef(무리를 짓지 않고 따로 떨어져 있는 산호초.-옮긴이) 50여 개가 존재한다.

게이츠는 카네오헤만이 "심하게 교란된 환경 속에서 생존한 개체를 잘 보여주는 예"라고 말했다. "살아남은 산호는 가장 강인한 유전자형을 가지고 있을 것이다. '너를 죽이지 못하는 시련은 너를 더 강하게 만들 뿐'(켈리 클락슨의 노래 〈스트롱거Stronger〉 가사로, 니체의 말 "Was mich nicht umbringt, macht mich stärker"가 원형이다.-옮긴이)인 것이지요."

나는 모쿠올로에서 일주일을 머무르며 게이츠와 함께 보냈다. 어느 날 우리는 거대한 레이저 스캐닝 현미경으로 산호를 관찰했다. 게이츠는 학창 시절에 자신을 당황하게 만든 배열을 보여주었다. 나는 산호의 작은 세포 안에 자리 잡은 더 작은 식물 공생체를 볼 수 있었다. 또 하루는 함께 스노클링을 하러 갔다. 2014년에 시작된 해양 폭염은 만 2년이 되었고, 카네오헤만의 산호 군락의 상당 부분이 유령처럼 하얗게 변했다. 게이츠는 희게 변한 산호의 대부분이 살아남지 못할 것이라고 했다. 그러나 황갈색, 갈색, 녹색 등 다채로운 색의 산호도 남아 있었고, 잘 살고 있는 것 같았다. 게이츠도 기뻐했다. "건강한 산호초들을 보니 희망이 생기네요."

다른 날에는 해안에서 채취한 산호를 정밀하게 통제된 조건에서 키우는 옥외 수조들을 둘러보았다. 이 수조의 목적은 펍피시를 위한 수조처럼 최적의 환경을 제공하는 것이 아니라 오히려 그 반대에 가깝다. 이곳의 산호는 의도적으로 계산된 스트레스 속에서 키워진다. 여기서도 번성하거나 적어도 살아남은 개체들끼리 교배하여 얻은 자손은 더 악조건인 수조에 던져진다. 연구자들은 선택압의 작용으로 산호가 일종의 '조력 진화assisted evolution' 과정을 거칠 것으로 기대한다. 그리고 그렇게 강해진 산호가 미래의 바다를 채울 수 있을 것이다.

게이츠가 이렇게 말한 적이 있다. "저는 현실주의자입니다. 우리 행성이 급격히 변하지 않을 것이라는 희망으로 버티는 데는 한계가 있습니다. 이미 변했거든요." 우리가 할 수 있는 일은 산호들이 우리가 초래한 변화에 대처할 수 있게 도와주거나 산호가 죽는 것을 지켜보는 일뿐이다. 게이츠가 보기에 그 외의 방법은 그저 희망사항일 뿐이다. "사람들은 우리가 하던 일을 멈추면 돌이킬 수 있을 거라고 생각합니다. 그런다고 산호초가 원래대로 돌아올까요?"

또 한 번은 이렇게 말하기도 했다. "어쩌면 제가 진짜 미래주의자일 겁니다. 우리 프로젝트는 자연이 더 이상 완전히 자연스럽지 않게 되는 때가 다가오고 있음을 인정하는 것이니까요."

나는 의심으로 가득한 공책 한 권을 가지고 모쿠올로에로 왔지만 게이츠의 카리스마에 감화를 받았다. 그가 연구소를 그만둔 후에도 우리는 몇 차례 만나 저녁을 먹었고, 기자와 취재원의 관계에서 우정에 가까운 무언가로 바뀌어 갔다. 나는 슈퍼 산호가 어떻게 되어가는지 알아보기 위해 게이츠와 또 한 번의 약속을 잡으려고 했는데, 그로부터 자신이 죽어가고 있음을 알리는 답장을 받았다. 게이츠가 그렇게 표현한 것은 아니다. 그는 뇌에 병변이 있어서 치료를 위해 멕시코로 갈 거라고, 그 병이 무엇이든 자신은 이겨낼 것이라고 썼다.

❖

찰스 다윈도 루스 게이츠처럼 산호를 보고 당황한 적이 있었다. 그가 처음 산호초를 본 것은 1835년이었다. 다윈은 비글호를 타고 갈라파고스에서 타히티까지 항해하던 중 갑판에서 드넓은 바다 위로 "산호로 이루어진 기이한 고리 모양 땅"[5]—이것은 이후 환초(環礁)라고 불리게 된다—이 튀어나와 있는 것을 발견했다. 다윈은 산호가 동물이며 산호초는 산호가 만든 공예품이라는 것을 알고 있었다. 그러나 그 독특한 형상은 여전히 당혹스러웠다. 그는 이렇게 논평했다. "이 광활한 대양에 속이 비어 있는 이 얕은 산호섬은 어울리지 않는다." 그래서 대체 어떻게 이런 일이 일어난 것인지 의문을 가졌다.

다윈은 수년 동안 이 미스터리에 몰두했으며, 그의 첫 번째 과학 저술인 《산호초의 구조와 분포The Structure and Distribution of Coral Reefs》가 그 결실이었다. 당시에 논란을 낳았던 그의 설명은 오늘날 정설로 받아들여진다. 그는 환초 중앙에 사화산이 있다고 보았다. 처음에는 산호가 화산 측면에 붙어 있었는데, 화산은 수명을 다해 서서히 가라앉고 산호초는 빛을 향해 계속 위로 자란 것이다. 다윈이 본 환초는 잃어버린 섬을 위해 "수많은 작은 건축가들이 쌓아 올린" 일종의 기념비였다.[6]

다윈이 산호초에 관한 논문을 쓴 것은 1842년 5월이었는데, 진화—당대의 용어로는 "종변환transmutation"—에 관한 혁명적인 아이디어를 처음 스케치한 것도 같은 달이었다. 이 스케치는 연필로 쓰여졌으며, 다윈의 전기 작가 중 한 명에 따르면 "알아보기도 힘들게 휘갈겨 쓴 35쪽" 분량의 원고였다.[7] 다윈은 이 에세이를 서랍 안에 처박아 두었다. 1844년, 그는 이 글을 230쪽으로 발전시켰지만, 원고는 또 다시 숨겨졌다. 다윈이 아이디어 공개를 꺼린 데에는 갖가지 이유가 있었는데, 그중 하나는 증거가 거의 전무하다는 것이었다.

다윈은 진화를 관찰하기란 불가능하다고 확신했다. 그 과정은 매우 점진적으로 일어나므로 한 사람의 일생 동안 인지할 수 없으며 몇 세대로 확장한다고 해도 다를 바 없다. 결국 그는 이렇게 쓴다. "우리는 시간의 손이 시대의 오랜 경과를 나타내는 흔적을 남기기 전까지는 그 과정에서 일어나는 그토록 느린 변화를 볼 수 없다."[8] 그렇다면 다윈은 자신의 이론을 어떻게 증명할 수 있었을까?

그는 비둘기에게서 우연히 그 답을 찾았다. 빅토리아 시대 영국에서는 관상용 비둘기가 큰 관심사였다. (빅토리아 여왕도 관상용 비둘기를 키웠다.) 관상용 비둘기 클럽, 관상용 비둘기 쇼가 있었고 관상용 비둘기를 위한 시도 쓰였다. 좋아하던 열두 살 난 새의 죽음을 기리는 한 추모시는 이렇게 시작된다. "이 다정한 월계수가 드리운 연민의 그늘 아래/비둘기 무리의 대장 잠들다."[9] 애호가들이 수집하는 비둘기는 이름처럼 화려한 부채 모양 꽁지깃을 뽐내는 공작비둘기,

공중에서 뒤로 제비를 도는 공중제비비둘기, 주름 칼라를 두른 듯한 수녀비둘기, 눈 주위에 볏 같은 피부 조직이 있는 바브비둘기, 모래주머니를 부풀리면 풍선을 삼킨 것처럼 보이는 파우터비둘기 등 수십 종에 이른다.

다윈은 뒷마당에 새장을 설치하여 다양한 품종의 비둘기를 키우면서 가능한 모든 쌍—예를 들면, 수녀비둘기와 공중제비비둘기, 또는 바브비둘기와 공작비

모이주머니를 부풀리는 파우터비둘기.

둘기—의 이종 교배를 실험했다. 그는 새들의 사체에서 뼈를 발라 내는 "몹시 구역질이 나는" 작업도 마다하지 않았다.[10] 1859년, 마침내 다윈이 《종의 기원》 출판을 결심했을 때는 비둘기들이 책의 곳곳에서 존재감을 뽐냈다.

다윈은 이 책 1장에 이렇게 썼다. "나는 구입하거나 얻을 수 있는 모든 품종들을 보유했고, (…) 저명한 비둘기 애호가들과 교제하고 있고 런던에 있는 비둘기 애호가 협회 두 곳에도 가입했다."[11]

다윈에게 수녀비둘기, 공작비둘기, 공중제비비둘기, 바브비둘기는 간접적이기는 하지만 종간 변이를 뒷받침하는 결정적인 근거를 제공했다. 비둘기 육종가는 단순히 번식 가능한 새를 선택한 것

이지만 이를 통해 서로 거의 닮지 않은 새로운 계통이 만들어졌다. 다윈은 "연약한 인간이 인위적 선택의 능력으로 많은 일들을 할 수 있었던 것을 보면, (…) 자연의 선택 능력에 의해 일어난 그 변화의 양은 한계조차 파악하기 힘들 것"이라고 추론했다.[12]

《종의 기원》이 출판된 지 한 세기 반이 지났지만, 다윈의 논리는 여전히 설득력이 있다. 다만, 단어의 선택은 점점 더 부적절하게 느껴진다. "연약한 인간"은 기후를 변화시키고 있으며, 기후 변화는 강력한 선택압으로 작용한다. 삼림 파괴, 서식지 단편화habitat fragmentation(도로, 택지 등으로 생물의 서식지가 나뉘어 단절되는 것.-옮긴이), 외래 포식자 유입, 병원체 유입, 광(光)공해, 대기 오염, 수질 오염, 제초제, 살충제, 쥐약 등 다른 형태로 일어나는 '전 지구적 변화'도 무수히 많다.《자연의 종말》[13] 이후에는 자연 선택을 뭐라고 불러야 할까?

❖

마들렌 반 오펜은 2005년 멕시코에서 열린 한 컨퍼런스에서 루스 게이츠를 만났다. 반 오펜은 네덜란드인이지만 호주에 산 지 거의 10년이 되어갈 때였다. 두 사람은 기질이 정반대여서 게이츠가 외향적인 반면 반 오펜은 내성적이었지만 만나자마자부터 죽이 잘 맞았다. 반 오펜도 새로운 분자 생물학 기법을 활용할 수 있게 될 무렵 과학자로서의 경력을 시작했고, 이 새로운 도구의 힘을 금세 알아보았다. 둘은 시차에도 불구하고 자주 대화를 나누었고, 한 팀이 되어 몇 편의 논문을 함께 썼다. 그리고 2011년, 게이츠는 샌타바버라에서 열리는 컨퍼런스에 반 오펜을 초청했다. 그곳에서 두 사람 모두 환경의 스트레스에 대처하는 산호의 메커니즘에 관심이 있다는 사실을 알게 된 그들은 궁금해졌다. 이 메커니즘이 기후 변화에 대처하는 데도 도움이 될 수 있지 않을까?

반 오펜은 당시를 이렇게 기억했다. "우리는 '조력 진화'라는 아이디어에 관해 많은 대화를 나누었습니다. 그 용어도 만들었지요." 게이츠는 반 오펜과 함께 오션 챌린지 응모할 제안서를 썼다. 당선된다면 연구비는 하와이와 호주에서 절반씩 사용하게 될 것이라는 점도 제안서에 명시했다.

나는 게이츠가 세상을 떠난 지 거의 1년이 되어갈 무렵 멜버른 대학교 연구실로 반 오펜을 찾아갔다. 연구실은 식물학과가 쓰던 건물에 있었고, 토종 난을 묘사한 스테인드글라스 창문으로 홀이 내려다보였다. 대화는 이내 게이츠에 관한 이야기로 흘러갔다.

"정말 재밌고 에너지가 넘치는 사람이었습니다." 게이츠를 떠올리던 반 오펜의 얼굴이 어두워졌다. "루스가 떠났다는 게 아직도 믿어지지 않아요. 생명이 얼마나 연약한 것인지 깨닫게 됩니다."

내가 하와이를 방문한 이후에 슈퍼산호 프로젝트는 더 진척되었지만 그러는 동안 산호 위기도 심해졌다. 2014년에 시작된 하와이의 해양 폭염은 2016년 그레이트배리어리프에 도달했고, 대규모 백화 현상이 또다시 일어났다. 이듬해까지 그레이트배리어리프의 90% 이상이 영향을 받았고[14] 산호의 절반가량이 사라졌다.[15] 빠

른 속도로 성장하는 종일수록 연구자들이 "재앙적" 붕괴라고 부를
정도의 타격을 입었다.[16] 호주 제임스쿡 대학교의 산호 전문가 테리
휴스 교수는 피해 지역의 항공 사진을 학생들에게 보여준 후 트위
터에 이렇게 썼다. "그리고 우리는 흐느껴 울었다."

백화 현상이 일어나면 산호와 공생체의 관계가 깨진다. 수온 상
승은 조류의 광합성이 과도하게 일어나 산소 라디칼(불안정한 상태의
산소를 갖고 있는 분자로 다른 분자와 쉽게 반응해 세포를 파괴할 수 있다. 활성산
소라고도 한다.-옮긴이) 방출을 위험한 수준에 이르게 만든다. 산호는
스스로를 보호하기 위해 조류를 내보내고, 그 결과 하얗게 변한다.
폭염이 적절한 시기에 중단되면 산호는 새로운 공생체를 끌어들여

회복할 수 있다. 그러나 폭염이 너무 오래 지속되면 산호는 굶어 죽는다.

반 오펜을 만나러 간 날, 실험실에서 박사후연구원, 학생들과 회의가 있었다. 호주·프랑스·독일·중국·이스라엘·뉴질랜드에서 온, UN 안전보장이사회라도 소집된 듯한 다국적 연구진이었다. 그들은 차례로 진행 상황을 보고했다. 대부분이 산호와 조류 중 어느 한쪽에 문제가 있다고 했고, 반 오펜은 대체로 그들의 대화를 그저 듣기만 했다. 그러다 유독 설명할 수 없는 어려움을 겪었다는 한 박사후연구원의 이야기를 듣고는 마침내 입을 열었다. "참 이상하네요."

반 오펜과 그의 팀원들이 보기에는 그 산호초 군집이 다른 사례보다 특별히 작지 않았고, 일부 박테리아는 산소 라디칼 제거에 특히 능숙해 보였다. 그들이 가능성을 모색하고 있는 한 아이디어는 특정 해양 생균제marine probiotic를 투여해서 백화 현상에 대한 산호초의 저항성을 높이는 것이었다. 산호-조류 공생체의 조작이 가능할 수도 있다. 현존하는 다양한—수천 종의—공생체 유형 가운데 일부는 고온에 대한 내성이 더 강한 것으로 보인다. 십 대 자녀가 더 착실한 친구들을 사귀도록 구슬리듯, 산호가 약한 공생체를 버리고 더 튼튼한 무리와 어울리도록 유도하는 것도 가능할지 모른다. 아니면 공생체 자체에 '조력'을 제공할 수도 있다. 반 오펜의 실험실 소속 박사후연구원 한 명은 미래에 산호초에게 닥칠 것으로 예상되는 특정 조건에서 클라도코피움 고레아우이Cladocopium goreaui라는 조류 품종을 수년에 걸쳐 키우고 있었다. (그가 클라도코피움 고레

아우이를 보여주었을 때 나는 놀라운 장면을 기대했지만, 물에 작은 먼지구름이 떠 있는 것처럼 보일 뿐이었다.) 아마 척박한 조건에서 살아남은 이 조류는 고온 스트레스를 더 잘 견디게 해 주는 유전적 변이를 가지고 있을 것이고, 더 강한 이 변종을 산호에 '감염'시키면 산호가 더 높은 온도에도 버틸 수 있게 도와줄 것이다.

"모든 기후 예측 모델은 21세기 중후반이면 전 세계 대부분의 산호초가 극도의 해양 폭염을 연례 행사처럼 겪게 될 것이라고 예상합니다." 이것이 반 오펜의 논거였다. "회복 속도는 그런 상황에 대처할 만큼 빠르지 않습니다. 그러니 우리가 개입해서 도울 필요가 있다는 것입니다."

그리고 이렇게 덧붙였다. "세계가 빨리 정신을 차리고 실질적인 온실 기체 감축을 시작하기를 바랍니다. 혹은 이 문제를 해결해줄 멋진 기술이 발명될 수도 있겠지요. 무슨 일이 일어날지 누가 알겠습니까? 하지만 당장은 시간을 벌어야 합니다. 그래서 저는 조력 진화가 그 간극을 메울 수 있다고, 즉 우리의 현재 상태와 언젠가 기후 변화를 실질적으로 억제하고 더 나아가 이전 상태로 회복할 그날 사이의 다리가 되어줄 것이라고 생각하는 것입니다.

❖

호주 국립해양시뮬레이터는 "세계 최고 수준의 연구용 수족관"을 표방한다. 이 시설은 멜버른에서 북쪽으로 약 2500km 떨어진 호주 동부 해안 도시인 타운즈빌 인근에 있다. 반 오펜의 연구진 중 몇몇이 이곳에서 조력 진화 실험을 계획하고 있다. 그래서 나는 반 오펜의 연구실 방문 후 타운즈빌로 날아갔다.

11월 중순이었고, 대규모 산불이 호주의 넓은 지역을 뒤덮고 있었다. 뉴스는 온통 최후의 순간에 탈출한 사람들, 까맣게 그을린 코알라, 숨만 쉬어도 하루에 담배 한 갑을 피우는 데 맞먹는 연기를 들이켜게 된다는 시드니 상공의 연기 등의 소식으로 도배되었다. 공항에 가는 동안에도 불에 탄 땅, 미친 듯이 타오르는 불길 그림이 그려진 광고판이 눈에 띄었다. 광고판의 글귀는 이렇게 묻고 있었다. "재난에 대비하셨습니까?" 나는 아연 제련소, 구리 제련소, 망고 농장, 악어 먹이주기 체험을 광고하는 야생 동물 공원을 지나쳤다. 고속도로 갓길에는 왈라비 사체들이 널려 있었다. 다른 의미의 로드킬이었다.

국립해양시뮬레이터는 산호해Coral Sea 쪽으로 튀어나온 곳에 자리잡고 있다. 아름다운 바다가 내다보일 만한 입지지만 이 건물에는 창문이 없다. 빛은 태양과 달의 주기에 따라 프로그래밍되어 있는 컴퓨터 제어 LED 패널에 의해 제공된다. 건물 대부분을 차지하는 것은 수조다. 수조들은 백화점 진열대처럼 허리 높이로 설치되어 있다. 모쿠올로에서 본 게이츠의 실험실처럼, 해양 시뮬레이터의 물도 특정 조건으로 조정할 수 있게 되어 있다. 일부 수조의 물은 산성도 및 수온이 2020년의 산호해 조건과 흡사하게 맞추어져 있다. 일부 수조는 더 뜨거워질 것으로 예상되는 2050년의 환경을, 또 다른 수조는 한층 더 암울한 21세기 말의 환경을 시뮬레이

그레이트배리어리프에서 흔히 볼 수 있는 아크로포라 테누이스 군체.

션한다.

　내가 도착한 것은 늦은 오후였는데, 아무도 보이지 않았다. 나는 코를 박고 수조들을 구경하면서 시간을 보냈다. '폴립polyp'이라고 불리는 산호의 개별 개체는 너무 작아서 육안으로 보기 힘들다. 어린아이 주먹만 한 산호 덩어리를 이루는 수천 개의 폴립은 서로 연결되어 얇은 층 형태의 살아 있는 조직을 형성한다. (산호는 끊임없이 분비하는 탄산칼슘이 군체colony의 단단한 부분을 만든다.) 국립해양시뮬레이터에서는 거의 모든 수조에서 가지처럼 생긴 아크로포라 테누이스 *Acropora tenuis*라는 산호 종을 볼 수 있는데, 성장이 빨라 연구하기 용이한 종이기 때문이다. 아크로포라 테누이스의 군체는 마치 미니어처 소나무 숲 같았다.

해가 지면서 건물 안팎에 속속 사람들이 도착했다. 조명 시스템에 지장을 주지 않기 위해 모든 사람이 특수 헤드램프를 착용하고 있었는데, 그 붉은 불빛이 현란했다. 우리 모두가 기대하는 그날 저녁의 이벤트가 산호들의 난교 파티라는 점에서 시의적절한 불빛이었다.

산호의 생식 활동은 희귀하고 놀라운 장면이다. 그레이트배리어리프에서는 1년에 한 번, 11월이나 12월 보름달이 뜬 직후 며칠 사이에 이 장관이 연출된다. 이 집단 산란기가 되면 폴립 수십억 개가 동시에 작은 구슬 다발을 방출한다. 정자와 난자가 함께 들어 있는 이 구슬 다발은 수면에서 흩어진다. 대부분은 물고기의 먹이가 되거나 그냥 떠내려간다. 운이 좋은 정자와 난자만이 짝을 만나 산호 배아를 형성한다.

적절한 조건이 유지되면 수조에서 키운 산호도 바다에 사는 형제들과 동시에 산란한다. 이 집단 산란은 반 오펜 연구팀에게 진화의 방향을 유도nudge할 수 있는 중요한 기회였다. 그들의 계획은 산란 현장에서 생식체 다발을 떠낸 다음 비둘기 애호가들처럼 알맞은 짝을 고르는 것이었다. 한 팀은 따뜻한 북쪽 리프에서 수집한 아크로포라 테누이스와 남쪽에서 수집한 아크로포라 테누이스를 교배하기로 했다. 또 다른 팀은 잡종을 만들기 위해 아크로포라Acropora속에 속하되 완전히 다른 종들 사이의 이종 교배를 계획했다. 그들은 자연 상태에서 이루어질 수 없는 이러한 짝짓기의 결과물 중에 그 부모보다 더 강한 회복력을 지닌 자손이 있을 것이라고 기대했다.

　연구원들은 그날 저녁 내내 수조 주변을 서성거렸다. 지켜보고 있던 한 연구원이 나에게 말을 걸어왔다. "대단한 밤이 될 겁니다. 그런 느낌이 들어요." 산란기가 다가오면 각 폴립에 작은 돌기가 생겨서 마치 군체에 소름이 돋은 것처럼 보인다. 이 과정은 '세팅'이라고 불린다. 우리는 몇몇 군체의 세팅을 볼 수 있었다. 그러나 거기까지였다. 경계심이나 불안감 때문이었으리라. 사람들은 하나둘씩 포기하고 잠을 자러 가기 시작했다. 국립해양시뮬레이터에는 이런 날을 위한 숙박 시설이 갖추어져 있지만 이미 만원이었으므로 나는 타운즈빌로 다시 차를 몰았다. 어둠을 뚫고 달리는 길에 숲에서 끽끽거리는 과일박쥐 울음소리가 들려왔다. 내일은 꼭 대단한 밤이 될 것 같았다.

　그레이트배리어리프는 하나의 산호초가 아니라 약 3000개의 산호초가 모여 있는 지대로 그 면적은 35만km²—이탈리아 국토 면적보다 넓다—에 달한다. 나는 지구상에서 이보다 더 멋진 장관을 본 적이 없다. 그레이트배리어리프 남단이 보이는 남회귀선상 작은 섬의 연구 기지에서 일주일을 보낸 적이 있다. 나는 '원 트리'라는 이름의 섬에서 스노클링을 하면서 다양한 산호에 마음을 빼앗겼다. 나뭇가지나 덤불, 뇌를 닮은 것도 있고 접시, 부채, 꽃, 깃털, 손가락 모양을 띤 것도 있었다. 상어, 돌고래, 대형 가오리, 바다거북, 해삼,

깜짝 놀란 것 같은 눈을 가진 문어, 입술을 날름거리는 대왕조개, 크레욜라가 꿈도 못 꿀 정도로 다양한 색상의 물고기들도 보았다.

아마존 우림 지대를 포함하여 지구상의 그 어느 곳에서도 건강한 산호초 지대에서만큼 다양한 종을 집중적으로 볼 수는 없을 것이다.[17] 연구자들은 산호 군체 하나에서만 200여 종의 8000개 개체를 찾아냈다.[18] 또 다른 연구자들은 유전자 염기 서열 분석 기법으로 산호초를 은신처로 삼는 갑각류 종 수를 집계했다.[19] 그들은 그레이트배리어리프 북단의 농구공 크기 산호초 한 덩어리에서만 200종 이상의 갑각류—대부분은 게와 새우였다—를 발견했으며, 리프 남단에서는 비슷한 크기의 산호초에서 확인한 갑각류가 230종에 육박했다. 전 세계적으로 100만~900만 종이 산호초에 서식하는 것으로 추정하고 있으나,[20] 갑각류 연구를 수행한 과학자들의 결론은 900만 종도 과소 추정치라는 것이었다. 그들은 "아직 파악되지 않은 산호초의 종류가 심각하게 많을" 가능성을 지적했다.

산호초를 둘러싼 환경을 생각하면 그 다양성은 더욱 놀랍게 느껴진다. 산호초는 적도를 중심으로 북위 30도에서 남위 30도에 걸친 띠 모양 지대에서만 발견된다. 이 위도에서는 해수의 상하층부 사이에서 혼합이 잘 일어나지 않으며 질소나 인 같은 필수 영양소 공급이 부족하다. (열대 지방의 해수가 놀랍도록 맑은 이유는 거기서 살 수 있는 생물이 거의 없기 때문이다.) 이 척박한 조건에서 그렇게 다양한 산호초가 존재할 수 있다는 사실은 오랫동안 과학자들을 당혹스럽게 만들었으며, 이것이 바로 "다윈의 역설"이라고 불리는 난제다. 이제까지 나온 최고의 답은 산호초에 서식하는 생물들이 궁극의 재활용—한 생물의 쓰레기가 이웃의 보물이 되는—시스템을 개발했다는 것이다. 자크 쿠스토와 함께 연구했던 해양 생물학자 리처드 C. 머피는 이렇게 썼다. "산호의 도시에서는 쓰레기가 나오지 않는다. 모든 유기체의 부산물은 다른 유기체에게 자원이 된다."[21]

산호초에 의존하는 생물이 얼마나 많은지 아무도 알지 못하므로, 산호초의 소멸이 얼마나 많은 생물을 위기로 몰아넣을지도 알 수 없다. 그러나 그 숫자가 엄청나리라는 것만큼은 분명하다. 해양 생물의 4분의 1은 적어도 생애의 일부를 산호초에서 보낸다고 추정된다. 호주 국립 대학교의 생태학 교수 로저 브래드버리에 따르면 이 체계가 사라진 바다는 5억 년도 더 전, 갑각류가 출현하기 이전인 선캄브리아 시대의 모습과 비슷해질 것이다. 그는 그것을 "점액질의 바다"라고 표현했다.[22]

그레이트배리어리프는 국립 공원으로, GBRMPA라는 어색한 약칭("가브럼파"라고 읽는다)을 쓰는 그레이트배리어리프 해양공원관리국Great Barrier Reef Marine Park Authority 관할이다. 내가 호주를 방문하기 몇 달 전, GBRMPA가 5년마다 의무적으로 발간하는 '전망 보고서'가 나왔다. 이 보고서는 산호초의 장기적인 전망을 "나쁨"에서 "매우 나쁨"으로 하향 조정했다.[23]

GBRMPA가 이 암울한 평가를 발표한 즈음에 호주 정부는 해양

시뮬레이터에서 남쪽으로 몇 시간만 가면 되는 지역의 초대형 신규 석탄 탄광 개발을 승인했다.[24] "메가급 탄광"이라고 불리는 이 광산에서 나오는 석탄의 대부분은 그레이트배리어리프에 인접한 애벗포인트항을 통해 인도로 보내질 예정이다. 산호를 살리는 일과 더 많은 석탄을 채굴하는 일이 양립하기 어렵다는 점은 여러 논평에서 지적되었으며, 〈롤링 스톤〉은 "세계에서 가장 정신 나간 에너지 프로젝트"라고 일갈했다.[25]

GBRMPA 본부는 마침 타운즈빌의 반쯤 비어 있는 쇼핑몰에 있었고, 나는 타운즈빌에 머무른 둘째 날 GBRMPA 수석 연구원 데이비드 와켄펠드를 만날 수 있었다.

"30년 전 기후 변화에 강력하게 대응했더라도 우리가 지금 이런 대화를 나누고 있었을까요?" 와켄펠드는 이렇게 입을 뗐다. 그가 입은 진청색 폴로셔츠에는 캥거루와 에뮤가 마주보고 있는 호주 연방의 상징이 수놓여 있었다. "만약에 그랬다면, 우리는 이 해양 공원을 지키기만 하면 된다고, 그러면 산호초는 스스로 살아나갈 수 있을 거라고 얘기하지 않았을까요?"

그는 현실적으로 더 개입주의적인 접근이 필요한 상황이라고 했다. GBRMPA는 산호초를 적극적으로 보전할 방법을 모색하기 위해 최소한 1억 호주달러(약 895억 원.-옮긴이)를 투입할 계획이다. 그런 방법으로는 피해를 입은 산호초를 복구하기 위한 수중 로봇 배치, 산호초에 그늘을 만들어 줄 초박막 필름 개발, 열을 식히기 위해 깊은 곳의 물을 얕은 곳으로 퍼올리는 양수 설비, 구름 표백cloudbrightening 등이 있다. 구름 표백은 인공 안개를 만들기 위해 공중에 미세한 소금물 입자를 분사하는 방법이다. 이론적으로는 이 짠 안개가 밝은색 구름 형성을 촉진할 것이고, 그러면 햇빛이 우주로 다시 반사되어 지구 온난화를 방지할 수 있다는 논리다.

와켄펠드는 또한 한편으로 박막 필름이나 인공 안개로 산호초에 그늘을 만들어주고 다른 한편으로는 로봇으로 유전적으로 강화된 유생larvae을 공급하는 식으로 여러 신기술 적용을 병행해야 할 것이라고 했다. 그는 "놀라운 상상력을 보여주는 다양한 아이디어"가 있다고 힘주어 말했다.

❖

그날 저녁, 나는 해양시뮬레이터로 다시 갔다. 주차장 근처에서 쿵쿵거리며 배회하는 야생 돼지 가족 한 무리가 눈에 띄었다. 모두 통통하고 미끈한 그 시난트로프들은 행복한 시간을 보내고 있는 것 같았다. 학생, 연구자들이 속속 숙소에서 몰려나왔다. 인공 바다를 비추던 인공 태양이 저물자 반딧불이처럼 어둠 속에서 춤추는 붉은 헤드램프 불빛으로 건물이 활기를 띠었다.

간밤의 용사들이 모두 다시 모였다. 나는 반 오펜의 연구팀 외에도 여러 팀이 있다는 것을 알게 되었다. 한 팀은 재앙적인 상황에 대한 일종의 보험으로 산호 생식체를 냉동할 계획이었고, 또 다른 팀은 산호 배아의 유전자 조작이 목적이었다. 어제는 보이지 않던 새로운 얼굴도 있었다. 시드니에서 온 영화 촬영팀이었다. (우리가 산호를 훔쳐보는 변태들이라면 그들은 포르노그래피 제작자인 셈이다.)

해양시뮬레이터의 수장인 폴 하디스티도 등장했다. 캐나다 출신의 하디스티는 키가 크고 팔다리도 길었으며 카우보이풍 복장을 하고 있었다. 나는 그에게 그레이트배리어리프의 미래에 관해 질문했다. 그는 침울하면서도 동시에 열정적이었다.

"우리가 하려는 일은 손바닥만 한 산호 정원을 가꾸는 것이 아닙니다. 우리가 주장하는 것은 산업적, 즉 모든 산호초를 아우르는 규모의 대규모 개입입니다. 이것은 급격한 방향 전환이지만 세계 최고의 지성들이 협력한다면 불가능한 일이 아니라는 결론에 이르렀습니다." 이 연구를 위해 해양시뮬레이터를 확장할 예정이므로, 몇 년 후 다시 방문한다면 크기가 두 배가 되어 있을 거라고도 했다.

그는 설명을 이어갔다. "일거에 해결할 하나의 묘책은 없습니다. 여러 방법의 조합이 필요하다는 뜻이지요. 예를 들자면, 구름 표백 기술과 조력 진화를 함께 진행하는 것처럼요. 변화를 일으키려면 신속하게 실행할 수 있어야 하므로 공학적인 접근도 필요하고, 대량 전달 메커니즘을 위해서는 거대 제약회사들이 가진 기술도 빌려와야 합니다. 어쩌면 작은 펠릿만으로 가능할 수도 있겠지만, 아직은 알 수 없습니다."

루비색 불빛이 주위에서 요동쳤다. "다른 생명 없이 인간 혼자 살아남을 수 있다는 생각은 절대적인 오만이자 건방이죠." 하디스티는 이렇게 말을 마쳤다. "우리는 어쨌든 이 행성에서 났으니까요. 조금 철학적인 얘기로 빠진 것 같네요. 집에 가서 하키 게임이나 봐

야겠습니다."

산호의 분위기가 무르익기를 기다리는 동안 우리는 할 일이 별로 없었다. 어둠 속에 서 있자니 나 또한 "조금 철학적인" 상념에 빠졌다. 하디스티의 말은 물론 옳다. 그레이트배리어리프를 파괴하면서 인간에게 아무런 고통도 없으리라는 생각은 오만이 맞다. 그러나 "모든 산호초를 아우르는 규모의 개입"이라는 것 역시 또 다른 오만이 아닐까?

다윈은 '인위' 선택과 '자연' 선택을 비교할 때 그는 어느 것이 더 강력한지에 대해 조금도 의문을 갖지 않았다. 비둘기 애호가들은 품종 간의 교배로 완전히 새로운 품종을 만들어 내는 놀라운 일을 했다. (다윈은 공작비둘기에서 파우터비둘기에 이르기까지 모든 품종이 집비둘기 *Columba livia*라는 단일 종의 자손임을 깨닫는다.) 애견가들도 그레이하운드와 코기, 불도그과 스패니얼을 교배했다. 이외에도 유사한 예는 수없이 많다. 외양간의 양, 정원의 배나무, 여물용 옥수수 등 이 모두는 여러 세대에 걸친 세심한 품종 개량의 산물이었다.

그러나 큰 틀에서 보면 인공 선택은 어설픈 흉내에 불과하며, 생명의 놀라운 다양성은 무심하게, 그러나 무한한 인내심으로 이루어 낸 자연 선택의 산물이었다. 자주 인용되는 《종의 기원》 마지막 단락에서 다윈은 "수많은 종류의 식물들이 자라나고 있고, 덤불에서 노래하는 새들과 여기저기 날아다니는 곤충들 그리고 축축한 땅 위를 기어 다니는 벌레들로 가득 차 있는 뒤얽힌 둑"을 떠올린다.[26] "저마다 정교한 형태를 갖추고, 서로 판이하게 다르면서도 매우 복잡한 방식으로 서로에게 의존하고 있는" 이 모든 것들은 모두 인간이 아닌, 따라서 어떤 의도도 갖지 않은 어떤 존재의 힘에서 비롯된다.

다윈은 마지막 페이지에 도달해도 여전히 회의적일 독자에게 "생명에 대한 이러한 시각에는 장엄함이 깃들어 있다"고 강조한다. 원시 수프에서 더듬거리던 가장 단순한 생물이 "너무나 아름답고 너무나 경이로운 수많은 생물로 진화했으며 지금도 진화하고 있다."

그레이트배리어리프는 궁극의 "뒤얽힌 강기슭"이라고 볼 수 있다. 수천만 년에 걸친 진화가 이 산호초 지대를 창조했고, 그 결과 주먹 하나 크기의 산호초에 생물학자들이 그 관계를 결코 완전히 파악할 수 없을 만큼 "매우 복잡한 방식으로 서로에게 의존하는" 생명체들이 가늠할 수 없을 정도의 밀도로 가득 차게 된 것이다. 그리고 적어도 아직까지는 그 진화가 이어지고 있다.

내가 호주에서 만난 모든 이들은 그레이트배리어리프의 위대함을 온전히 보존하는 것이 현실적으로—어쩌면 절대적으로—불가능하다는 사실을 알고 있었다. 10분의 1이라도 해결하려면 스위스 면적(그레이트배리어리프의 총 면적은 스위스 국토의 10배에 가깝다.-옮긴이)만 한 그늘을 만들고 거기에 로봇으로 씨를 뿌려야 할 것이다. 그리하여 우리에게 남는 것은 "위대한Great" 배리어리프 대신 기껏해야 "그만하면 괜찮은Okay" 배리어리프일 것이다.

"산호초의 수명을 20~30년 연장할 수 있다면 전 세계가 탄소 배출을 억제하기 위한 조치를 취할 시간을 벌고, 그 사이에 기존의 산

산호가 구슬 같은 난자와 정자를 산란하고 있다.

호초와 다른 일종의 기능성 산호초를 만들어낼 수 있을지도 모르지요." 하디스티가 나에게 해준 말이다. "우리가 이런 식으로밖에 말할 수 없다는 게 슬프지만, 이게 우리가 처한 현실입니다."

해양시뮬레이터에서 보낸 둘째 날 밤도 꽝이었다. 몇몇 군체에서 찔끔거리는 기색이 있었는데, 한 연구원이 '흘림dribble'이라는 일종의 전조 현상이라고 했다. 그래서 다음 날, 또다시 차를 몰았다.

세 번째였으므로 앞으로 일어날 일을 예상할 수 있었다. 해가 지면 연구원들이 헤드램프를 착용하고 수조 사이를 순회할 것이다. 산호 군체가 눈에 띄면 대형 수조에서 건져내어 개별 양동이에 담을 것이다. 그날 저녁에는 아크로포라 테누이스의 군체가 더 많아져서 작업이 쉽지 않았다. 양동이는 바닥에 일렬로 놓였다. 그레이트배리어리프 최남단의 케펠스 제도에서 온 군체도 있었고, 그로부터 북쪽으로 수백 킬로미터 떨어진 데이비스리프에서 온 군체도 있었다. 자연 상태에서라면 그렇게 멀리 있는 군체 사이의 짝짓기는 있을 수 없는 일이다. 하지만 실험의 요점은 모든 것을 자연에 맡기지 말자는 것이다.

케이트 퀴글리라는 박사후연구원이 대부분 학부생으로 이루어진 자원 활동가팀을 이끌고 짝짓기 작업을 수행했다. 그는 목에 빨간 램프를 걸고 있었는데 마치 반짝이는 부적 같았다. 퀴글리는 수십 개의 플라스틱 용기를 배치했다. 실험이 문제없이 진행되면 이 용기에서 산호초 간의 이종 교배가 일어날 것이다. 그는 용기에서 배아가 형성되면 작은 수조로 옮겨지고 그곳에서 고온 스트레스를 받게 될 것이라고 설명했다. 거기서 살아남은 배아들에는 각기 다른 공생체가 주입—내가 멜버른에서 보았던 실험실에서 배양된 균주가 주입되는 배아도 있을 것이다—되고, 그 다음에는 더 큰 스트레스를 받게 된다.

퀴글리는 "극한까지 밀어붙이려는 것"이라고 말했다. "그렇게 해서 최고 중의 최고를 찾아내고 싶은 거예요."

나는 원 트리 섬에 갔을 때 운 좋게도 산란기에 한밤의 스노클링을 할 기회가 있었다. 알프스산맥의 눈보라를 거꾸로 뒤집어놓은 듯한 장면이었다. 양동이 안에서도 산란 장면은 경이롭다. 처음에는 몇 개의 폴립만이 구슬 다발을 풀어놓는다. 그러고 나면 나머지 폴립들이 비밀 신호라도 받은 듯 똑같이 따라한다. 구슬 다발은 중력을 거슬러 위로 올라가고 수면에 이르면 장밋빛 막을 형성한다.

유전자 편집팀의 한 연구원이 혼잣말처럼 이렇게 내뱉었다. "이게 진짜 자연의 기적이야."

산란이 계속되면서 퀴글리는 자원 활동가들을 불러보았다. 그는 모두에게 사발과 고운 체를 하나씩 나누어주고 나서 양동이에서 피펫으로 생식체 다발을 추출하여 각자의 체에 배분했다. 그레이트 배리어리프에서라면 생식체 다발이 파도에 의해 흩어지겠지만 시뮬레이터에서는 손으로 파도 역할을 대신해야 한다. 퀴글리는 학생들에게 내용물이 흩어지도록 체를 흔들라고 지시했다. 그러면 정자는 사발로 떨어지고 그보다 큰 난자는 체에 남을 것이다.

학생들이 일제히 체를 흔들었다. 난자는 핑크페퍼 알갱이 같았고, 정자가 들어 있는 사발은 음… 익히 아는 다른 동물의 그것과 비슷했다.

한 여학생의 말소리가 들렸다. "네 정자를 줄래?"

그러자 남학생이 대답했다. "그래, 내 정자 한 사발 줄게."

또 다른 학생도 끼어들었다. "이런 대화가 가능한 곳은 여기밖에 없을 거야."

퀴글리의 공책에는 계획하고 있는 교배 쌍이 적혀 있었다. 학생들은 퀴글리의 감독하에 서로 다른 산호초에서 온 정자와 난자를 혼합했다. 이 작업은 모든 산호가 짝을 찾을 때까지 계속되었다.

3

북 유럽 신화에서 오딘은 매우 강한 신이며 사기꾼이기도 하다. 그는 지혜를 위해 한 눈을 바쳐 외눈박이가 되었다. 그는 죽은 자를 깨우고, 폭풍을 잠재우며, 병든 이를 치료하고, 적의 눈을 멀게 하는 등 많은 재능을 가졌다. 그는 종종 동물로 변신한다. 일례로 뱀으로 변신해 시를 짓는 재능을 얻는데 우연히 이 재능을 인간에게 흘린다.

캘리포니아 오클랜드에 있는 오딘이라는 회사는 유전 공학 키트를 판매한다. 이 회사의 창립자인 조사이아 제이너는 금발로 염색 부스스한 머리, 여러 개의 피어싱과 "아름다움을 창조하라"는 문구의 타투를 하고 있다. 그는 생물 물리학 박사이며 유명한 선동가다. 그의 여러 기행 중 몇 가지만 꼽자면, 자신의 피부에서 형광 단백질을 만들어내는 실험을 하고, DIY 대변 이식을 하겠다며 친구의 똥을 삼켰으며, 이두근을 키우려고 자신의 유전자 하나의 비활성화를 시도했다. (유전자 비활성화 실험은 실패로 돌아갔고, 그도 인정했다.) 제이너는 자신을 "유전자 디자이너"라고 부르며,[1] 사람들이 여가 시간에 삶을 수정할 수 있도록 필요한 자원을 제공하는 것이 자신의 목표라고 말한다.

오딘은 "세상을 바이오해킹하라"라고 쓰인 3달러짜리 유리잔에서부터 원심분리기, 중합효소 연쇄 반응기, 전기영동용 겔 상자가 들어 있는 1849달러짜리 '가정용 유전 공학 실험 키트'에 이르기까지 폭넓은 제품군을 갖추고 있다. 나는 209달러짜리 '박테리아 크리스퍼CRISPR와 형광 효모 콤보 키트'를 골랐다. 종이 상자에는 오딘의 로고가 인쇄되어 있었는데, 이중나선으로 이루어진 원 안에 뒤틀린 나무 한 그루가 그려져 있었다. 이 나무는 줄기가 우주의 중심을 향해 뻗어나가는 북유럽 신화의 위그드라실Yggdrasil일 것이다.

상자 안에는 피펫 팁, 페트리 접시, 일회용 장갑 등 여러 가지 실험 도구와 대장균E. coli, 그리고 그 유전체를 재배열하는 데 필요한 모든 것이 들어 있는 유리병들이 있었다. 나는 냉장고 문을 열어 버터 옆에 대장균을 넣고, 나머지 유리병들은 아이스크림이 들어 있는 냉동실에 넣었다.

유전 공학은 인간으로 치면 중년에 접어들었다. 최초의 박테리아 유전자 조작은 1973년에 이루어졌다. 바로 뒤이어 1974년에는 유전자 조작 쥐, 1983년에는 유전자 조작 담배가 탄생했다. 식품으로 승인된 최초의 유전자 조작은 플레이버 세이버Flavr Savr 토마토로, 1994년에 허가를 받았으나 실망스럽게도 몇 년 못 가서 생산이 중단되었다. 유전자 조작 옥수수와 콩은 거의 동시에 개발되었으며, 이들은 토마토와 달리 미국 전역에서 흔히 재배하는 품종이 되었다.

지난 십여 년 동안 유전 공학에 생긴 큰 변화는 크리스퍼의 등장이다. 크리스퍼는 '일정한 간격을 두고 주기적으로 분포하는 짧은 회문 반복서열clustered regularly interspaced short palindromic repeats'의 약자로, 연구자와 바이오 해커의 DNA 조작을 훨씬 쉽게 만들어주는, 대부분 박테리아에게서 빌려온 테크닉 모음이다. 크리스퍼는 DNA의 일부를 잘라 해당 시퀀스를 비활성화하거나 다른 시퀀스로 교체할 수 있게 해준다.

이것이 가져올 가능성은 거의 무한하다. 크리스퍼 개발자 중 한 명인 UC버클리 교수 제니퍼 다우드나는 이제 우리에게 "원하는 대로 생명체의 분자 자체를 수정할 방법"이 생겼다고 말한다.[2] 생물학자들은 크리스퍼로 이미 수많은 생명체를 수정했다. 냄새를 맡을 수 없는 개미,[3] 슈퍼히어로처럼 근육을 키운 비글, 돼지 열병에 걸리지 않는 돼지, 수면 장애가 있는 원숭이,[4] 무카페인 커피콩, 알을 낳지 않는 연어, 살찌지 않는 생쥐, 에드워드 마이브리지의 유명한 달리는 경주마 사진 연작을 부호화하여 유전자에 담은 박테리아[5] 등. 몇 년 전, 중국의 허젠쿠이는 자신이 세계 최초의 크리스퍼 편집 인간인 쌍둥이 아기를 탄생시켰다고 발표했다. 그는 이 아이들이 HIV 감염에 저항성을 갖도록 유전자를 수정했다고 주장했는데, 실제로 그러한 저항성을 지니는지는 아직 알 수 없다. 그는 이 발표를 하고 얼마 안 되어 선전에서 가택 연금에 처해졌다.

나는 유전학에 관해 아는 바가 거의 없으며 고등학교 때 관련된 실험을 해본 적도 없다. 그럼에도 불구하고 오딘의 상자에 들어 있는 설명서대로 따라 하니 주말 동안 새로운 생명체를 만들어낼 수 있었다. 우선 페트리 접시 하나에서 대장균 덩어리를 키웠다. 그런 다음 냉동실에 보관해둔 여러 종류의 단백질과 맞춤형 DNA 조각을 끼워었다. 이 과정은 박테리아의 유전체에서 한 '문자', 즉 A(아데닌)를 C(사이토신)으로 교체했다. 이 수정으로 새롭게 개선된 내 대장균은 강력한 항생제인 스트렙토마이신을 거부할 수 있게 되었다. 우리 집 주방에서 약물에 내성이 있는 대장균을 만들어내다니, 오싹한 기분도 들었지만 분명 성취감도 있었다. 그래서 키트에 포함된 두 번째 실험도 해보기로 했다. 그것은 해파리의 유전자를 효모에 삽입하여 빛을 내는 효모로 만드는 실험이었다.

❖

호주 절롱시에 있는 동물보건연구소AAHL[6]는 세계 최고 수준의 고도 폐쇄 실험실이다. 연구소는 두 개의 문 뒤에 있는데, 두 번째 문은 트럭 폭탄도 막을 수 있도록 설계되었고, 콘크리트 벽은 비행기가 추락해도 견딜 수 있는 두께라고 한다. 이 시설에는 520개의 에어록air-lock 도어가 있으며 네 단계의 보안이 가동된다. 한 직원은 "좀비들이 습격하면 이런 곳으로 대피하고 싶을 것"이라고 했다. 에

볼라 등 지구상에서 가장 위험한 동물 매개 병원균이 들어 있는 유리 용기는 최고의 보안 등급—생물 안전 4등급Biosafety Level 4, BSL-4—으로 취급된다. (영화 〈컨테이전〉에서 이에 대한 묘사를 볼 수 있다.) BSL-4 구역에서 일하는 직원은 자기 옷을 입은 채로 연구소에 들어갈 수 없으며 퇴근하기 전에 3분 이상 샤워를 해야 한다. 연구소의 동물은 절대로 밖으로 나갈 수 없다. 한 직원의 표현을 빌리자면, "그들이 밖으로 나가는 유일한 길은 소각로"다.

절롱은 멜버른에서 남서쪽으로 약 1시간 거리에 있다. 나는 반 오펜을 만나러 호주를 방문했을 때 이 연구소에 들렀다. AAHL라고 쓰인 이정표를 따라가게 만든 것은 나의 흥미를 끄는 유전자 조작 실험이 진행되고 있다는 소식이었다. 호주는 생물학적 통제를 꾀했던 한 시도(1930년대에 사탕수수를 먹어치우는 딱정벌레 퇴치를 위해 외래종인 수수두꺼비를 도입했다.-옮긴이)가 실패로 돌아가면서 수수두꺼비로 알려진 거대 두꺼비의 습격을 받고 있다. 여기서 인류세의 논리가 다시 등장한다. AAHL의 연구자들은 생물학적 통제를 또 한 번 가동하여 이 재앙을 해결하고 싶어 했다. 바로 크리스퍼를 이용하여 두꺼비의 유전체를 편집하려는 것이었다.

이 프로젝트의 책임자 마크 티자드가 나에게 실험실을 보여주기로 했다. 티자드는 희끗한 머리에 반짝거리는 푸른 눈을 가진 자그마한 남자였다. 내가 호주에서 만난 다른 여러 과학자들처럼 그도 타지 출신이었다. 그는 런던에서 왔다고 했다.

티자드는 양서류를 다루기 전에는 주로 가금류를 연구했다. 몇

해 전, 그와 그의 AAHL 동료들은 해파리 유전자를 암탉에 삽입했다. 내가 효모에 넣으려고 했던 것과 마찬가지로 형광 단백질을 만드는 유전자였다. 이 유전자를 지닌 닭은 자외선 불빛 아래에서 섬뜩한 빛을 발하게 된다. 티자드는 형광 유전자를 삽입하되 수컷에게만 유전되도록 하는 방법을 알아냈다. 그러면 병아리들이 아직 껍질 안에 있을 때도 암수를 감별할 수 있게 된다.

티자드는 많은 사람이 유전자 변형 생물을 두려워한다는 것을 잘 안다. 그들은 유전자 조작 식품을 먹는 것을 혐오스럽게 생각하며, 그런 생물이 세상에 나오는 데 격하게 반대한다. 제이너 같은 선동가는 아니지만, 그 역시 사람들이 잘못 생각하고 있다고 믿는다.

"녹색으로 빛나는 닭을 어린이들에게 보여줬다고 해봅시다." 티자드는 이렇게 말을 이었다. "이렇게 묻는 아이들이 있을 겁니다. '와, 멋지다. 이 닭을 먹으면 나도 초록색으로 변할까?' 그러면 저는 이렇게 반문할 것입니다. '닭 요리를 먹은 적 있지? 닭을 먹으니까 깃털이 돋아나고 부리가 생기든?'"

어쨌든 티자드에 따르면 몇몇 유전자 조작을 가지고 걱정할 때가 아니라는 것이다. "호주의 숲에 가면 유칼립투스 나무와 코알라, 웃음물총새가 보이겠지요? 제 눈에는 유칼립투스 유전체의 여러 사본, 코알라 유전체의 여러 사본 등으로 보입니다. 이 유전체들은 상호 작용하고 있습니다. 그런데 거기에 난데없이 하나의 유전체가 추가된 것입니다. 사람들이 수수두꺼비 유전체를 집어넣은 것이지요. 이전에 한 번도 나타난 적이 없는 유전체가 다른 모든 유전체와

상호작용하고 있다는 것은 재앙입니다. 다른 유전체들을 완전히 몰아내고 있지요."

그의 설명은 계속 이어졌다. "사람들이 보지 못하고 있는 사실이 있습니다. 우리의 환경이 이미 유전적으로 변형되었다는 것입니다." 침입종은 없던 유전체를 통째로 추가하여 환경을 변화시키는 반면에 유전 공학자들은 DNA의 여기저기에서 단 몇 조각만 바꾼다는 것이다.

"우리는 애초에 존재하면 안 되는 2만 개의 유전자에 단 10개 정도의 유전자를 추가하려는 것입니다. 그리고 그 10개는 나머지를 파괴하고 생태계에서 몰아냄으로써 균형을 회복하게 될 것입니다." 티자드가 이어 말했다. "분자 생물학을 비판하는 사람들은 늘 '신 행세를 하려는 것인가?'라고 묻습니다. 아니요, 그렇지 않습니다. 우리는 우리가 가진 생물학적 프로세스에 대한 지식으로 손상을 입은 시스템에 도움을 줄 방법을 찾는 것입니다."

❖

수수두꺼비—학명은 리넬라 마리나_Rhinella marina_다—는 얼룩덜룩한 갈색이며, 두터운 네 발과 울퉁불퉁한 피부를 가졌다. 이 종을 설명하는 모든 글은 그 크기를 강조한다. 미국 어류및야생동물관리국의 설명은 다음과 같다. "수수두꺼비는 참두꺼비bufonid에 혹이 잔뜩 나 있는 모습을 하고 있으며 크기가 훨씬 크다."[7] 미국 지질조사국은 이렇게 썼다. "도로에 앉아 있는 거대한 수수두꺼비는 바위로 오인하기 쉽다."[8] 이제까지 발견된 가장 큰 수수두꺼비는 길이 38cm, 무게 2.7kg—통통한 치와와 크기에 맞먹는다—으로 기록되었다. 1980년대에 브리즈번의 퀸즐랜드 박물관에 살았던 베티 데이비스라는 두꺼비는 길이 24cm에 너비도 거의 같아서 디너 접시 크기만 했다.[9] 수수두꺼비는 쥐, 개 사료는 물론 다른 수수두꺼비까지, 그 큰 입에 들어가기만 하면 뭐든 먹어치운다.

수수두꺼비는 원래 중남미와 텍사스 최남단에 서식하던 종으로, 1800년대 중반에 카리브해 지역에 유입되었다.[10] 이 지역의 환금 작물인 사탕수수를 괴롭히는 딱정벌레 유충과의 전쟁에 두꺼비들을 참전시킨 것이었다. (사탕수수도 유입종으로, 원산지는 뉴기니다.) 두꺼비들은 카리브해 연안에서 하와이로, 하와이에서 호주로 수출되었다. 1935년, 호놀룰루에서 수수두꺼비 102마리가 증기선에 실렸다. 무사히 살아서 여행을 마친 101마리는 호주 북동부 해안 사탕수수 재배지의 한 연구 시설에 도착했고, 1년 만에 150만 개가 넘는 알을 낳았다.[11] 그렇게 세상에 나온 어린 두꺼비들은 이 지역의 강과 연못에 방출되었다.

두꺼비가 사탕수수에 얼마나 도움이 되었는지는 의심스럽다. 문제의 딱정벌레는 바위 크기의 양서류가 닿기에는 너무 높은 곳에 머무른다. 그렇다고 해서 두꺼비들이 당황한 것은 아니었다. 딱정벌레 말고도 먹을 것은 많았고, 계속해서 한 트럭씩 새끼들을 낳았다. 두꺼비들은 퀸즐랜드 해안 한 귀퉁이를 벗어나 북쪽으로는 케이프요크반도, 남쪽으로는 뉴사우스웨일스까지 밀고 나갔다. 1980년대

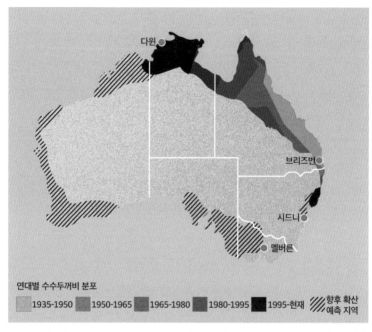

연대별 수수두꺼비 분포

1935-1950 | 1950-1965 | 1965-1980 | 1980-1995 | 1995-현재 | 향후 확산 예측 지역

다윈 / 브리즈번 / 시드니 / 멜버른

도입 이후 수수두꺼비는 호주 전역으로 확산되었으며 앞으로도 계속 영토를 넓혀나갈 것으로 예상된다.

에는 노던 준주로 넘어갔으며, 2005년에는 노던 준주 서부, 다윈시 인근의 미들포인트라는 지점에 이르렀다.

그 과정에서 알 수 없는 일이 일어났다. 침입 초기에 두꺼비들은 1년에 약 10km씩 옮겨갔는데, 몇십 년 후에는 1년에 약 20km씩 이동했다. 미들포인트에 도달했을 무렵에는 1년에 50km까지 속도를 올렸다. 연구자들은 침입의 최전방에서 두꺼비를 조사한 끝에 원인을 알아냈다. 미들포인트에 서식하는 두꺼비들은 퀸즐랜드의 두꺼비보다 다리가 훨씬 길었다.[12] 그리고 이 형질은 유전되었다. 《노던 테리토리 뉴스》는 1면에 "슈퍼 두꺼비"라는 제목으로 이 소식을 실었다. 슈퍼맨 망토를 입은 수수두꺼비 합성 사진을 첨부한 이 기사는 "노던 준주를 침략한 혐오스러운 수수두꺼비가 진화하고 있다"라고 긴급 타전했다.[13] 다윈의 말과 달리, 이 진화는 실시간으로 우리 눈에 보이는 현상 같았다.

수수두꺼비는 충격적으로 클 뿐만 아니라 인간의 기준이기는 하지만, 못생겼다. 뼈가 돌출되어 보이는 머리에 표정마저 심술궂다. 그러나 정말 '혐오스러운' 점은 이 두꺼비가 가진 독성이다. 다 자란 수수두꺼비는 다른 동물에게 물리거나 위협을 느끼면 유백색의 점액을 분비하는데, 여기에는 심장마비를 유발하는 화합물이 들어 있다. 개가 수수두꺼비를 물어 중독되는 경우가 종종 있는데, 입에 거품을 물거나 심장마비를 일으키는 등 다양한 증상을 나타낸다. 멍청하게 수수두꺼비를 식용한 사람은 대개 죽음에 이르고 만다.

호주 토착종 중에는 독 두꺼비는커녕 두꺼비가 아예 없다. 따라서 토종 동물들은 두꺼비를 경계하도록 진화하지 않았다. 수수두꺼비 이야기는 아시아 잉어 이야기를 뒤집어 놓았다고 보면 된다. 아시아 잉어는 그것을 먹는 동물이 없다는 점 때문에 미국에서 문제가 된 반면, 호주에서는 온갖 동물이 수수두꺼비를 먹어서 오히려 위협이 되었다. 수수두꺼비를 먹이로 착각하여 개체 수가 급감한 종의 목록[14]은 길고도 다양해서 호주인들이 '프레쉬freshie'라는 애칭으로 부르는 민물악어, 길이가 1.5m에 육박하는 노란점박이왕도마뱀, 북부푸른혀도마뱀(정확한 이름은 푸른혀도마뱀이다), 작은 공룡을 닮

호주의 한 소녀가 데어리 퀸이라는 이름의 반려 수수두꺼비와 함께 있다.

은 워터드래곤, '죽음을 추가하는 자'라는 이름을 지닌 독사 데스애더, 또 다른 독사인 킹브라운스네이크 등이 이에 속한다. 이 희생자들 가운데서도 단연 돋보이는 동물은 사랑스러운 외모의 북부주머니고양이다. 북부주머니고양이는 뾰족한 얼굴과 점박이 무늬의 갈색 털이 특징인 약 30cm 길이의 유대목 동물로 주머니를 졸업할 때가 되면 어미가 등에 태우고 다닌다.

호주 사람들은 수수두꺼비의 증식을 늦추기 위해 때로는 기발한, 또 때로는 그리 기발하지 않은 온갖 방안을 내놓았다. 토디네이터Toadinator는 휴대용 스피커를 장착한 덫인데 이 스피커에서는 전화 발신음이나 모터 돌아가는 소리처럼 들리는 수수두꺼비 울음소리가 재생된다. 퀸즐랜드 대학교 연구진은 올챙이 단계의 수수두꺼비를 유혹하여 죽음으로 이끌 미끼를 개발했다. 사람들은 수수두꺼비를 공기총으로 쏘고, 망치로 때리고, 골프채로 후려치고, 차로 치고, 얼어 죽을 때까지 냉동고에 가두고, "수 초 내에 두꺼비를 마취시키"며, 1시간 안에 죽게 만든다고 장담하는 홉스톱이라는 약품을 뿌린다. 지역 사회에서는 '두꺼비 박멸'을 위한 민병대를 조직한다. 킴벌리 토드 버스터즈라는 단체는 두꺼비 한 마리를 제거할 때마다 포상금을 지급할 것을 호주 정부에 제안했다.[15] 이 단체가 내건 모토는 "모두가 토드 버스터가 되면 두꺼비는 퇴치된다!"이다.

티자드가 수수두꺼비에 관심을 갖기 시작했을 때 그는 그 두꺼비를 실제로 본 적이 없었다. 절롱이 위치한 남부 빅토리아는 아직 수수두꺼비가 정복하지 않은 지역이었기 때문이다. 그런데 어느 날 한 회의에 참석한 그는 양서류를 연구하는 분자 생물학자 옆자리에 앉게 되었다. 그는 온갖 퇴치 활동에도 불구하고 수수두꺼비가 계속 확산되고 있다고 했다.

"아직 새로운 방법이 남아 있다면 부끄러울 일이라고 하더군요." 티자드는 당시를 떠올리며 말했다. "나는 그저 가만히 앉아서 머리를 긁적거리고 있었지요."

그가 설명을 이어갔다. "독소는 대사 작용의 산물이라는 생각이 들었습니다. 그 말인즉, 효소가 독성을 암호화하는 유전자를 갖고 있어야 한다는 뜻입니다. 그런데 우리에게는 유전자를 깨뜨릴 도구가 있어요. 그렇다면 독소를 생성하는 유전자도 깨뜨릴 수 있을 것입니다."

티자드는 케이틀린 쿠퍼라는 박사후연구원을 불렀다. 어깨까지 오는 갈색 머리와 전염성 있는 미소를 가진 쿠퍼 역시 타지(매사추세츠) 출신이었다. 수수두꺼비의 유전자 조작을 시도한 사람이 아직 없었으므로, 그 방법을 알아내는 것은 온전히 쿠퍼의 몫이었다. 그는 수수두꺼비의 알을 세척한 후 미세한 피펫으로 구멍을 내야 하는데 이 작업을 매우 빨리, 난할이 시작되기 전에 완료해야 한다는 사실을 알아냈다. "미세 주입 테크닉을 다듬는 데 상당한 시간이 걸렸습니다."

쿠퍼는 일종의 준비 운동으로 수수두꺼비의 색을 바꾸는 작업에 착수했다. 두꺼비—사실 사람도 마찬가지다—의 주요 색소 유전자에는 멜라닌 생성을 조절하는 효소인 티로시나제 합성 정보가 들어 있다. 이 색소 유전자를 비활성화하면 본래의 어두운색이 아닌, 밝은색 두꺼비가 나올 것이라는 것이 쿠퍼의 추론이었다. 그는 페트리 접시에서 난자와 정자를 혼합한 다음 형성된 배아에 여러 크리스퍼 관련 화합물을 미세 주입하고 기다렸다. 그러자 얼룩덜룩한 올챙이 세 마리가 나타났다. 한 마리는 죽었지만, 나머지 두 마리—모두 수컷이었다—는 얼룩덜룩한 두꺼비로 성장했다. 쿠퍼는

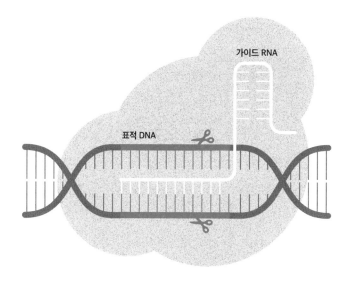

가이드 RNA

표적 DNA

유전자 발현 억제
유전자가 절단됨

복구 시도

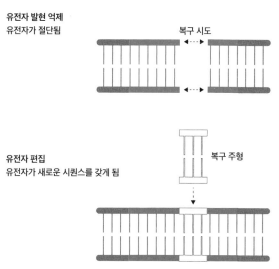

유전자 편집
유전자가 새로운 시퀀스를 갖게 됨

복구 주형

크리스퍼 기술에서 가이드 RNA는 절단할 DNA 구간을 특정하는 데 사용된다. 절단이 이루어지고 나면 세포가 손상을 복구하려고 시도할 때 종종 오류가 발생하는데, 그러면서 유전자가 비활성화된다. '복구 주형'을 이용하면, 새로운 유전자 시퀀스를 삽입할 수 있다.

스폿과 블론디라는 이름을 지어 주었다. 티자드는 "황홀한 순간"이었다고 회상했다.

쿠퍼는 두꺼비의 독성을 '깨뜨리는' 일에 돌입했다. 수수두꺼비는 어깨 뒤의 분비선에 독을 저장한다. 평소의 독성은 구역질을 일으키는 정도에 불과하다. 그러나 공격을 받으면 부포톡신bufotoxin(두꺼비 피부에서 분비되는 저독성 물질.-옮긴이) 가수 분해 효소라는 것을 생성하여 독성을 100배로 증폭시킬 수 있다.[16] 쿠퍼는 크리스퍼를 사용하여 배아에서 부포톡신 가수 분해 효소의 유전 정보를 지정하는 유전자 부분을 삭제했다. 그 결과 해독된 새끼 두꺼비들이 탄생했다.

이야기를 좀 더 나누다가 쿠퍼가 두꺼비들을 보여주겠다고 했다. 이것은 또다시 에어록 도어와 보안 장치를 여러 번 거쳐 AAHL의 더 내밀한 구역에 침투하는 일이었다. 우리는 모두 옷 위에 방호복을 덧입고 신발 위에 위생 장화를 신었다. 쿠퍼는 내 녹음기에 세정액 같은 것을 뿌렸다. "격리 구역"이라는 표지판이 있었고, "위반 시 중징계 적용"이라는 문구도 보였다. 나는 별다른 보안 개념 없이 오딘 키트로 유전자 편집이라는 모험을 감행했던 이야기는 꺼내지 않는 게 좋겠다고 생각했다.

여러 개의 문 너머에는 다양한 크기의 우리에 동물들이 가득한, '무균 동물 농장'이라고 할 만한 곳이 있었다. 그 냄새는 병원 같기도 하고 동시에 동물원 같기도 했다. 생쥐 우리들이 있는 구역 옆에서 어린 해독 두꺼비 십여 마리가 플라스틱 사육장 안을 이리저리 뛰어다니고 있었다. 10주 정도 된, 7~8cm짜리 두꺼비들이었다.

쿠퍼가 말했다. "보시다시피 아주 활기찹니다." 사육장 안에는 가짜 식물, 가짜 물웅덩이, 가짜 태양 등 인간이 상상할 수 있는 한 두꺼비가 원하는 모든 것이 갖추어져 있었다. "현대적인 편의 시설로 가득한 두꺼비 회관" 같은 광고 문구가 생각나는 곳이었다. 그때 두꺼비 한 마리가 혀를 쑥 내밀더니 귀뚜라미를 잡아먹었다.

티자드가 말했다. "문자 그대로 뭐든 먹을 겁니다. 서로 잡아먹기도 할 거예요. 큰 놈 눈에 띈 작은 놈은 점심 도시락입니다."

해독 두꺼비 한 무리를 호주의 자연에 풀어놓은들 그리 오래 버티지 못할 것이다. 일부는 프레쉬나 도마뱀 또는 데스애더의 점심이 되고, 나머지는 이미 호주 전역에서 뛰어다니고 있는 몇억 마리의 독성 두꺼비와 교잡되어 버릴 것이다.

티자드가 그들을 위해 생각해낸 것은 교육이었다. 주머니고양이에 관한 연구에 따르면 유대류 동물은 훈련을 통해 수수두꺼비를 피하게 할 수 있다. 두꺼비 고기에 구토를 일으키는 성분을 넣어서 만든 '소시지'를 주머니고양이에게 먹이면 두꺼비와 메스꺼움을 연관시켜 두꺼비를 피할 줄 알게 된다.[17] 티자드는 해독 두꺼비가 훨씬 더 좋은 훈련 도구가 될 것이라고 말한다. "해독 두꺼비를 잡아먹은 동물은 아프기는 해도 죽지는 않을 것입니다. 그리고 '다시는 두꺼비를 먹지 않겠어'라고 생각하겠지요."

주머니고양이의 훈련을 위해, 혹은 다른 어떤 목적에서든 이 해독 두꺼비를 사용하려면 여러 가지 정부 허가를 거쳐야 한다. 내가 방문했을 때는 허가 신청을 위한 서류 작성을 시작도 하기 전이었지만, 쿠퍼와 티자드는 이미 또 다른 방법들을 고민하고 있었다. 쿠퍼는 수수두꺼비 알에 겔 형태의 피막을 입히도록 유전자를 조작하여 수정(受精)이 안 되도록 만들 수 있을 것이라고 생각했다.

티자드도 동의했다. "쿠퍼가 그 아이디어를 설명하자 눈이 번쩍 뜨이더군요! 번식력을 무너뜨리는 방법이 있다면 그게 최고의 해법일 것입니다." (한 마리의 암컷 수수두꺼비는 한 번에 약 3만 개의 알을 낳을 수 있다.)

스폿과 블론디도 해독 두꺼비 바로 근처의 또 다른 사육장에 앉아 있었다. 훨씬 더 정성스럽게 꾸며진 사육장으로 그들이 좋아할 만한 열대 지방의 풍경 사진도 걸려 있었다. 스폿과 블론디는 이제곧 만 한 살이 되는 다 큰 두꺼비로 스모 선수처럼 몸통이 두툼했다. 스폿은 노르스름한 뒷다리 하나를 제외하면 거의 갈색이었고, 블론디는 더 다양한 색을 띠었는데 두 뒷다리는 흰색에 가깝고 앞다리와 가슴은 얼룩덜룩했다. 쿠퍼는 장갑 낀 손을 사육장에 넣어 블론디를 꺼냈다. 그가 앞서 "아름답다"고 했던 녀석이었다. 밖으로 나오자마자 쿠퍼의 손에 오줌을 싼 블론디는 그럴 리는 없지만 마치 사악하게 웃고 있는 것 같았다. 어쨌든, 그 얼굴을 아름답다고 할 사람은 유전 공학자밖에 없을 것 같았다.

❖

학교에서 배우는 표준적인 유전학에 따르면 형질의 상속은 주사위 게임처럼 복불복이다. 누군가(혹은 어느 두꺼비)가 모계로부터 A 유전자를 받고 부계로부터는 그와 경쟁 관계에 있는 A1이라는 유전자를 받았다고 하자. 그러면 그 자녀가 A와 A1을 상속받을 확률은 반반씩이다. 세대가 거듭될 때마다 A와 A1은 확률의 법칙에 따라 상속된다.

학교에서 배우는 다른 많은 내용과 마찬가지로 이것도 부분적으로만 옳은 말이다. 법칙을 따르는 유전자도 있지만 그러지 않는 변절자도 있다. 변절 유전자는 게임의 규칙을 자신에게 유리하게 바꾸고, 그러기 위해 경쟁 유전자의 복제를 방해하거나,[18] 자신의 복제본을 추가로 더 만들어 형질을 물려줄 확률을 높이거나, 난자와 정자가 형성되는 감수분열 과정을 조작하는 등 다양한 속임수를 쓴다. 이런 룰 브레이커 유전자는 '드라이브drive'라고 불린다. 드라이브는 적응상의 이점fitness advantage이 없고 오히려 적응 비용fitness cost이 발생할 때에도 형질을 물려줄 확률이 50% 이상이며, 일부는 상속률이 90% 이상이다.[19] 드라이브 유전자는 모기, 밀가루딱정벌레, 레밍 등 여러 생물 안에 숨어 있는 것으로 밝혀졌으며,[20] 본격적으로 찾아내려고 들면 훨씬 더 많은 동식물에서 발견할 수 있을 것이라고 한다. (사실 가장 성공적인 드라이브 유전자는 다른 변이가 있었다는 사실조차 잊게 만들기 때문에 찾아내기 힘들다.)

1960년대 이래로 생물학자들은 유전자 드라이브의 힘을 이용하는 것, 즉 드라이브를 유도할 수 있기를 꿈꿨다. 그리고 오늘날 크리스퍼 덕분에 그 꿈이 꿈꾸었던 것 이상으로 실현되었다.

크리스퍼의 원천 특허 보유자라고 할 수 있는 박테리아에서

는 크리스퍼가 일종의 면역 체계로 기능한다. '크리스퍼 유전자좌
CRISPR locus'를 지닌 박테리아는 바이러스의 DNA 조각을 자신의 게
놈에 통합할 수 있다. 박테리아는 이 조각을 범법자의 머그 숏처럼
활용하여 잠재적인 가해자를 식별해낸다. 그다음에는 미세한 칼 역
할을 하는 크리스퍼 연관CRISPR-associated, 즉 카스Cas 효소가 가동된
다. 이 효소는 침입자의 DNA에서 결정적인 위치를 절단하여 DNA
를 비활성화한다.

유전 공학자들은 크리스퍼-카스 시스템으로 DNA 시퀀스를 원
하는 대로 절단할 수 있게 되었다. 또한 손상된 시퀀스가 외부에서
들어온 DNA 가닥을 스스로 접합하도록 유도하는 방법도 알아냈
다. (내가 대장균을 속여 아데닌을 사이토신으로 대체한 방법이다.) 크리스퍼-
카스 시스템은 생물학적인 구성물이므로 이 역시 DNA로 암호화
되는데, 이것이 바로 유전자 드라이브를 만드는 열쇠임이 밝혀졌
다. 크리스퍼-카스 유전자를 유기체에 삽입함으로써 그 유기체가
스스로 유전자 재설계를 수행하도록 프로그래밍할 수 있는 것이다.

2015년, 하버드 대학교의 한 연구팀이 이 자기 반영적 트릭을 이
용하여 효모에서 합성 유전자 드라이브synthetic gene drive를 구현했다
고 발표했다.[21] (크림색과 붉은색이 섞여 있는 효모 군체로 시작하여 몇 세대 후
모두 붉은색만 남게 만들었다.) 그리고 3개월 후, 거의 동일한 트릭으로
초파리에서 합성 유전자 드라이브를 구현했다는 UC샌디에이고 연
구팀의 발표가 뒤따랐다.[22] (그들은 정상적인 초파리는 갈색인데 일종의 백
색증 유전자 발현을 유도하여 노란색 자손을 만들었다.) 그리고 6개월 후, 또

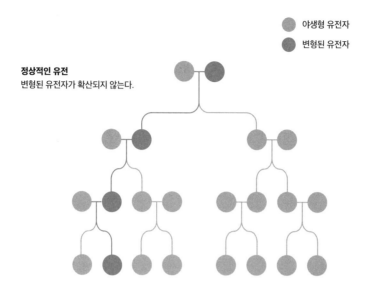

야생형 유전자

변형된 유전자

정상적인 유전
변형된 유전자가 확산되지 않는다.

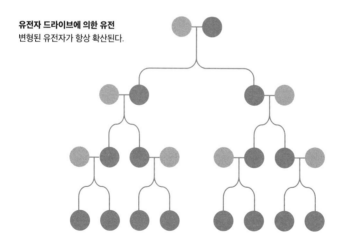

유전자 드라이브에 의한 유전
변형된 유전자가 항상 확산된다.

합성 유전자 드라이브를 이용하면 정상적인 유전 규칙이 무시되고 변형된 유전자가 **빠르게** 퍼져나간다.

다른 연구팀이 이번에는 유전자 드라이브 말라리아모기*Anopheles*를 만들었다고 발표했다.

크리스퍼가 합성 유전자 드라이브로 '생명체의 분자 자체를 수정할' 힘을 부여하면 그 힘은 기하급수적으로 커진다. 샌디에이고의 연구자들이 노란색 초파리를 풀어놓았다고 가정해보자. 그 초파리들은 교정의 쓰레기통 주변에서 들끓다가 짝을 만나 노란색의 자손을 낳을 것이고, 또 그 자손이 살아남아 성공적으로 짝짓기를 했다면 또다시 노란색의 자손을 낳을 것이다. 이 형질은 세쿼이아 숲에서 멕시코 만류까지 거침없이 퍼져나가 결국 노란색 초파리가 주류가 될 것이다.[23]

초파리의 색이 유별난 형질인 것이 아니다. 적어도 이론적으로는 모든 동식물의 모든 유전자에 대해 주사위 게임이 특정 형질에 유리하도록 만들 수 있다. 변형된 유전자나 다른 종에서 빌려온 유전자도 마찬가지다. 말하자면, 수수두꺼비들에게 망가진 독소 유전자를 퍼뜨리는 유전자 드라이브가 가능하다는 뜻이다. 언젠가는 유전자 드라이브로 고온에 대한 내성이 강한 유전자를 산호에게 선사할 날도 올지 모른다.

이미 흐릿해진 인간과 자연의 경계, 실험실과 야생의 경계가 합성 유전자 드라이브의 세계에서는 완전히 녹아 없어진다. 그 세계에서는 사람들이 진화가 일어나는 환경 조건을 좌우할 뿐만 아니라 그 결과까지도―이론적으로는―좌우할 수 있다.

❖

크리스퍼에 의한 유전자 드라이브가 적용될 최초의 포유류 동물
이 생쥐mouse일 것이라는 점은 거의 확실하다. 생쥐는 번식이 빠르
고 사육이 용이한 데다가 집중적으로 유전체를 연구해 온, 이른바
'모델 생물model organism'(생물학 연구를 위해 특별히 선택된 종.-옮긴이)로
알려져 있다.

폴 토머스는 생쥐 연구의 선구자다. 그가 일하는 애들레이드의
남호주 보건의료연구소는 뾰족한 금속판으로 덮인 곡선형 건물에
있다. (애들레이드 사람들은 이 건물을 '치즈 강판'이라고 부른다는데, 나는 안킬
로사우루스를 더 닮았다고 생각했다.) 2012년 크리스퍼에 대한 중대한 논
문이 발표되었을 때 토머스는 이것이 게임 체인저임을 단박에 알
아보았다. "우리는 곧장 뛰어들었습니다." 그리고 1년이 안 되어 크
리스퍼로 간질에 걸린 생쥐를 만들었다.

합성 유전자 드라이브에 관한 최초의 논문이 나오면서 토머스는
다시 한번 박차를 가했다. "크리스퍼에 관심이 있고, 생쥐 유전학에
도 관심이 있는 저로서는 이 기술을 개발할 기회를 놓칠 수 없었습
니다." 처음에는 그저 이 기술을 활용할 수 있는지를 확인하는 것이
목표였다. 그는 당시의 상황을 이렇게 회상했다. "사실 우리는 자금
이 별로 없었습니다. 쥐꼬리만 한 예산으로 근근이 실험실을 운영
하고 있는 우리에게는 너무 비싼 실험이었어요."

토머스의 표현대로 "만지작거리기만" 하고 있을 때 GBIRd("지버
드"라고 읽는다)라는 단체의 연락을 받았다. GBIRd는 '침입 설치류의

유전적 생물 통제Genetic Biocontrol of Invasive Rodents'의 약자로 이 연구자 집단이 추구하는 바는 모로 박사(허버트 조지 웰스의《모로 박사의 섬》등 장인물로 새로운 종을 만들어내는 실험에 몰두한 과학자.-옮긴이)가 참여하는 지구의 벗(1971년에 설립된 국제 환경 단체.-옮긴이)이라고 할 수 있다.

GBIRd의 웹사이트에는 이렇게 쓰여 있다. "여러분처럼 우리도 다음 세대를 위해 우리의 세상을 보존하고 싶습니다. (…) 희망은 있습니다."[24] 이 사이트 첫 화면은 사랑스러운 눈으로 엄마를 바라보는 새끼 앨버트로스의 사진이다.

GBIRd는 이른바 '억제 드라이브suppression drive'라고 하는 매우 특별한 종류의 생쥐 드라이브를 설계하는 데 토머스가 도움을 주기를 원했다. 억제 드라이브는 자연 선택을 완전히 무력화하도록 설계된다. 그 목적은 매우 해로운 어떤 형질을 퍼뜨려 한 개체군 전체를 쓸어버리는 것이다. 영국의 연구자들은 이미 말라리아를 옮기는 감비아말라리아모기Anopheles gambiae의 억제 드라이브를 실험했다. 그들의 궁극적인 목표는 아프리카에 이 모기를 풀어놓는 것이다.

토머스는 자기 억제 형질을 지닌 생쥐를 설계하는 데 여러 방법이 있으며, 대부분은 성(性)과 관련된다고 설명한다. 그가 특히 주목하고 있는 것은 'X 염색체 파쇄X-shredder' 생쥐다.

다른 포유류 동물처럼 생쥐도 성별을 결정하는 염색체 두 개를 갖고 있으며, XX는 암컷, XY는 수컷이다. 생쥐의 정자에는 X, Y 중 하나의 염색체가 있다. X 염색체 파쇄 생쥐란 X 염색체를 지닌 정자는 모두 결함이 있도록 유전자를 편집한 생쥐를 말한다.

토머스는 이렇게 설명했다. "원한다면 정자의 절반을 제거할 수 있는 것이지요. X 염색체를 가진 정자는 살아남지 못하고 Y 염색체를 가진 정자만 남게 되므로 자손은 모두 수컷이 됩니다." Y 염색체에 파쇄 지시를 심어 놓으면 다음 세대도 모두 수컷이 될 것이다. 세대가 거듭될수록 성벽 불균형은 심해질 것이고, 결국 암컷이 한 마리도 남지 않아 번식이 불가능해질 것이다.

토머스는 유전자 드라이브 생쥐 연구가 기대했던 것보다 더디게 진행되고 있다고 했다. 그러나 그는 여전히 2030년 이전에 누군가가 해낼 것이라고 생각한다. 그것은 X 염색체 파쇄일 수도 있고, 아직 나오지 않은 새로운 방법일 수도 있다. 수학적 모델링에 따르면 효과적인 억제 드라이브는 엄청난 효율성을 발휘하여, 정상적인 생쥐 5000마리가 서식하는 섬에 유전자 드라이브 생쥐 100마리를 방사하면 몇 년 안에 생쥐를 박멸할 수 있을 것이다.[25]

"놀라운 효율성입니다." 토머스는 "목표로 삼을 만한 일"이라고 했다.

인류세의 가장 분명한 지질학적 지표가 방사성 입자의 급증이라면, 가장 분명한 생물학적 지표는 설치류의 급증일 것이다. 인간이 정착한 지구상의 모든 지역—그리고 인간이 스쳐 지나가기만 한 몇몇 지역에 생쥐와 쥐rat가 따라붙었고, 종종 추악한 결과를 초래했다.

한때 동남아시아에만 서식했던 태평양쥐*Rattus exulans*는 약 3000년 전부터 폴리네시아인들의 배를 타고 태평양에 있는 거의 모든 섬으로 퍼졌다. 태평양쥐의 도착으로 시작된 파괴의 물결은 최소 1000종의 새를 몰살했다.[26] 그 후 유럽의 식민지 개척자들은 곰쥐*Rattus rattus*를 데려와서 태평양의 섬들에 또다시 멸종의 물결을 일으켰고, 이 물결은 지금도 계속되고 있다. 뉴질랜드의 빅사우스케이프섬은 이례적으로 1960년대까지 곰쥐가 유입되지 않았고, 여러 박물학자들이 그 결과를 기록으로 남겼다. 그러나 결국 곰쥐는 도착했고, 백방의 노력에도 불구하고 고유종 셋—박쥐 한 종과 새 두 종—이 사라졌다.[27]

생쥐*Mus musculus*의 원산지는 인도 아대륙인데 지금은 열대 지방에도 있고, 극지방에 가까운 지역에서도 발견된다. 《생쥐 유전학Mouse Genetics》 저자 리 실버에 따르면 "오직 인간만 그만한 적응력을 갖고 있으며, 인간도 그 정도는 안 된다고 말하는 사람도 있을 것이다."[28] 생쥐는 상황에 따라 쥐만큼 흉포해질 수 있으며, 쥐 못지않게 치명적이다. 아프리카와 남아메리카 중간쯤에 있는 고프섬에는 지구상에 남은 최후의 트리스탄 앨버트로스 2000쌍이 산다. 섬에 설치한 비디오 카메라에는 생쥐 일당이 새끼 앨버트로스를 공격하여 먹어 치우는 장면이 녹화되곤 한다. 영국의 보전 생물학자 앨릭스 본드는 이렇게 표현했다. "고프섬에서 일하는 것은 조류 외상 센터에서 일하는 것과 같다."[29]

지난 수십 년 동안 설치류 침입자들에 대적하기 위해 선택된 무기는 내출혈을 유발하는 항응혈제 브로디파쿰이었다. 브로디파쿰은 미끼에 섞은 다음 기계로 살포하거나, 손으로 뿌리거나, 공중에서 떨어뜨릴 수 있다. (배로 전 세계에 쥐를 옮겨놓고 이제는 헬리콥터로 독을 뿌려 죽이는 것이다!) 수백 개의 무인도에서 이 방법으로 쥐를 퇴치했고, 이 작전은 뉴질랜드의 날지 못하는 소형 오리인 캠벨갈색오리, 회색도마뱀을 먹고 사는 안티구안뱀 등 수많은 종을 벼랑 끝에서 구해내는 데 도움이 되었다.

설치류의 입장에서 브로디파쿰의 단점은 명확하다. 내출혈은 느리고 고통스럽게 죽음에 이르는 방법이기 때문이다. 생태학자의 관점에서도 단점이 있다. 엉뚱한 동물이 미끼를 먹거나 미끼를 먹은 설치류를 잡아먹는 일이 빈번하기에 그러면 독은 먹이 사슬을 타고 확산된다. 게다가 새끼를 밴 생쥐 한 마리만 생존하더라도 섬 전체를 다시 장악할 수 있다.

유전자 드라이브 생쥐를 사용하면 이런 문제를 피할 수 있다. 표적 동물에게만 영향을 줄 것이고, 출혈로 죽음에 이르는 일도 없을 것이다. 특히 사람이 거주하는 섬이라서 항응혈제를 공중에 뿌렸다가는 반발이 일어날 것이 분명한 지역에도 적용할 수 있다는 것이 이 방법의 강점이다.

그러나 으레 그렇듯, 한 가지 문제를 해결하면 또 다른 문제가 나타난다. 게다가 이번에는 그 문제가 소소하지 않다. 아니, 거대하다. 유전자 드라이브 기술을 커트 보니것의 '아이스나인ice-nine'(소설 《고양이 요람》에 나오는 가상의 물질.-옮긴이)에 비유한 사람도 있다.[30] 한 조각만 있으면 전 세계의 물을 모두 얼릴 수 있는 아이스나인처럼,

한 마리만 탈출하면 그에 버금가게 오싹한 결과를 초래할 수 있는 X 염색체 파쇄 생쥐는 '마우스나인'이 될 수 있다.

마우스나인의 재앙을 막기 위한 다양한 안전장치로 '킬러 구출 killer-rescue', '다중 좌위법multi-locus assortment', '데이지 체인daisy-chain' 등의 이름으로 제안되었다.[31] 이 대안들은 모두 효과적이되 **지나치게 효과적이지는 않은** 유전자 드라이브 구현이 가능하리라는 희망을 전제한다. 몇 세대가 지나면 스스로 소멸한다거나 특정 섬의 단일 개체군에만 존재하는 유전자 변이에 한정하여 작동되는 유전자 드라이브를 개발하자. 유전자 드라이브가 제멋대로 구는 일이 생기면 또 다른, 말하자면 추적자 드라이브로 이를 뒤쫓을 수도 있을 것이다.[32] 대체 뭐가 문제라는 건가!

❖

나는 호주에 있는 동안 연구실을 벗어나 자연으로 나가보고 싶었다. 북부주머니고양이를 보면 재밌을 거라고 생각했다. 인터넷에서 본 사진 속의 주머니고양이는 축소판 오소리 같아 정말 귀여웠다. 그러나 주변에 물어본 결과 주머니고양이를 찾으려면 상당한 전문 지식이 필요하고 시간도 많이 걸린다는 사실을 알게 되었다. 주머니고양이를 죽이는 두꺼비들을 찾는 것은 훨씬 쉬울 것 같았다. 그래서 나는 린 슈워츠코프라는 생물학자와 함께 두꺼비 사냥에 나섰다.

마침 슈워츠코프는 토디네이터라는 덫을 발명한 팀의 일원이어서, 제임스쿡 대학교에 들러 그의 연구실에서 덫을 구경할 수 있었다. 그것은 토스터 오븐 크기 정도의 케이지로, 플라스틱 문이 달려있었다. 슈워츠코프가 덫에 달린 작은 스피커를 켜자 연구실에 두꺼비 울음소리가 울려퍼졌다.

그리고 이렇게 설명했다. "수컷 두꺼비들은 조금이라도 수수두꺼비와 비슷한 소리가 나면 거기에 이끌립니다. 따라서 이 소리를 들으면 찾아올 거예요."

제임스쿡 대학교가 있는 북부 퀸즐랜드 해안은 두꺼비들이 처음으로 들어온 곳이다. 슈워츠코프는 학교 캠퍼스 안에서도 두꺼비를볼 수 있을 것이라고 했다. 우리는 헤드램프를 착용했다. 저녁 9시였고 캠퍼스에는 우리 둘과 뛰어다니는 왈라비 가족뿐이었다. 우리는 심술궂은 눈빛을 찾아 한참을 배회했다. 내가 막 낙담하기 시작했을 때 슈워츠코프가 낙엽 사이에서 두꺼비 한 마리를 발견했다. 슈워츠코프는 두꺼비를 집어 들자마자 암컷임을 알아보았다.

"아주 심하게 괴롭히지만 않으면 독이 나오진 않아요." 슈워츠코프는 헐렁한 주머니같이 생긴 두 개의 독소 분비선을 가리키며 말했다. "그래서 골프채로 때리면 안 된다는 거예요. 분비선을 내리치면 독이 뿜어져 나올 수 있거든요. 그게 눈에 들어가면 며칠 동안앞을 못 보게 됩니다."

우리는 좀 더 돌아다녔다. 슈워츠코프는 너무 건조해서 두꺼비가나와 있지 않은 것 같다고 했다. "두꺼비들은 에어컨 실외기를 좋아한답니다. 물이 떨어지니까요." 낡은 온실 근처―거기에는 최근에 사용한 듯한 호스가 있었다—에서 두꺼비 두 마리를 더 발견했다. 슈워츠코프가 관 크기의 썩어가는 상자를 뒤집더니 큰 소리로 외쳤다. "여기가 금맥이었네요!" 깊이가 1cm도 안 되는 구정물에 셀 수도 없을 만큼 많은 수수두꺼비가 있었다. 다른 두꺼비 위에 올라 탄 녀석도 있었다. 도망칠 줄 알았지만, 두꺼비들은 전혀 동요하지 않고 그대로 앉아 있었다.

수수두꺼비, 생쥐, 곰쥐에 유전자 편집 기술을 적용하자는 주장의 근거는 간단하다. 다른 대안이 없다는 것. 자연의 것이 아니라는 이유로 테크놀로지를 거부한다고 해서 자연이 원래대로 회복되지는 않는다. 우리에게 주어진 선택은 이대로 있을 것인가, 과거로 돌아갈 것인가의 문제가 아니다. 우리는 현재와 미래를 두고 선택해야 하며 그 선택의 결과가 종의 소멸인 경우가 너무나 많다. 이것이 데블스홀펍피시, 쇼쇼니펍피시, 패럼프풀피시, 그리고 북부주머니고양이, 캠벨갈색오리, 트리스탄앨버트로스가 처한 상황이다. 무엇이 자연인가에 대한 엄격한 해석을 고수하다가 이들을 포함한 수천 종의 생물을 잃게 될 수 있다. 이런 상황에서 쟁점은 자연에 변화를 가할지 말지가 아니라 어떤 목적으로 자연을 변화시킬 것인지가 된다.

잡지 〈홀 어스 카탈로그〉를 창간한 스튜어트 브랜드는 1968년 창간호에 이렇게 썼다. "우리는 신 노릇을 하고 있으며 그 일을 잘할 수 있을지도 모른다." 그리고 현재 지구 전체에서 일어나고 있는 일들을 보며 더 분명한 입장을 밝혔다. "우리는 신 노릇을 하고 있으며 그 일을 잘 해내야만 한다." 브랜드는 "새로운 유전자 구출 기술을 통해 생물 다양성을 강화하고자" 리바이브 앤드 리스토어를 공동 설립했다.[33] 이 단체는 여러 기상천외한 프로젝트를 지원하고 있으며, 그중 하나가 여행비둘기의 복원이다. 이 프로젝트는 현재 살아있는 종 중 여행비둘기와 가장 가까운 친척인 띠무늬꼬리비둘기의 유전자를 가지고 진화의 시계를 거꾸로 돌리려는 것이다.

미국밤나무 복원처럼 훨씬 실현 가능성이 높은 프로젝트도 있다. 미국 동부에 흔했던 이 나무는 줄기마름병 때문에 거의 사라졌다. (진균성 병원균에 의해 발생하는 줄기마름병은 20세기 초에 유입되어 40억 그루에 달했을 것으로 추정되는 북미의 밤나무를 거의 전멸시켰다.) 뉴욕주 시러큐스에 있는 뉴욕 주립 대학교 환경 과학 및 임학 대학 연구자들은 줄기마름병에 저항성을 지닌 유전자 변형 밤나무를 만들었다. 그 열쇠는 밀에서 가져온 유전자에 있었다. 빌려온 유전자 하나로 인해 이 나무는 형질 전환된 것으로 간주되며, 연방 정부의 허가 대상이 된다. 이 때문에 현재 줄기마름병에 내성이 있는 묘목들은 온실과 울타리가 쳐진 구역에 갇혀 있다.

티자드가 지적했듯 우리는 끊임없이 유전자들을 전 세계 곳곳으로 옮기며, 대개 한 종의 유전체를 통째로 이동시킨다. 줄기마름병이 처음 북미에 유입된 것도 인간에 의해서였다. 이 병원균은 일본에서 수입한 아시아의 밤나무와 함께 옮겨졌다. 우리가 단 하나의 유전자만 더 옮겨서 이전의 비극적인 실수를 바로잡을 수 있다면 미국밤나무를 위해 그렇게 해야 하는 것이 아닐까? "생명체의 분자 자체를 수정할" 능력을 갖게 된 이상 우리에게 어떤 의무가 부여된 것이라는 주장이 가능하다.

물론 이런 식의 개입에 반대하는 주장도 설득력이 있다. "유전적 구출" 이면에는 전 세계를 망친 여러 실수에 대한 책임이라는 논리가 있다. (아시아 잉어와 수수두꺼비의 예를 생각해보라.) 이전의 생물학적 개입을 또 다른 생물학적 개입으로 바로잡고자 한 역사는 닥터 수스Dr. Seuss의《모자 쓴 고양이 돌아오다The Cat in the Hat Comes Back》에서 욕조에서 케이크를 먹은 다음 스스로 청소를 하라고 하자 벌어진 일과 비슷하다.[34]

고양이가 어떻게 했을까요?
엄마의 새하얀 드레스로 욕조를 닦았어요!
이제 욕조는 깨끗해졌는데,
드레스가 엉망이 되고 말았네요!

1950년대에 하와이 농무부는 정원 장식용으로 도입된 아프리카왕달팽이를 억제하기 위해 육식 달팽이로 잘 알려진 붉은늑대달팽이를 수입하기로 했다. 그런데 이 육식 달팽이는 먹으라는 아프리카왕달팽이는 쏙 빼놓고 하와이 토종인 자그마한 육상 달팽이 수십 종을 먹어치웠다. 그리고 이것은 E. O. 윌슨이 말한 "연쇄적 멸종 사태extinction avalanche"를 일으켰다.[35]

윌슨은 브랜드에게 이렇게 응답했다. "우리는 신이 아니다. 우리는 아직 그럴 만한 지각 능력과 지능을 갖고 있지 않다."[36]

영국의 작가이자 환경 운동가인 폴 킹스노스는 이렇게 말한다. "우리는 신 노릇을 하고 있지만, 그 일을 잘 해내지는 못했다. (…) 우리는 재미로 아름다운 것들을 죽이는 로키(북유럽 신화의 장난꾸러기 신.-옮긴이)이며, 제 아이를 잡아먹는 사투르누스(로마 신화에 등장하는 농경의 신.-옮긴이)다."[37]

킹스노스는 이렇게 말하기도 했다. "때로는 아무것도 하지 않는 편이 뭔가를 하는 것보다 낫다. 또 때로는 그 반대다."

하늘 위로 올라가다

UNDER

A WHITE SKY

1

몇 해 전, 자신이 지구를 파괴하고 있을까 봐 걱정하는 사람들에게 새로운 서비스를 제공한다는 회사로부터 광고 메일 한 통을 받은 적이 있다. 클라임웍스Climeworks라는 이름의 이 회사에 일정 금액을 내면 가입자의 몫만큼 공기 중에 배출된 탄소를 없애 준다고 했다. 그만큼의 CO_2는 지하 0.8km 지점에 주입하여 암석으로 굳힌다.

"왜 CO_2를 돌로 만들까요?" 이메일에서는 그 이유를 이렇게 설명했다. 인류는 이미 너무 많은 탄소를 배출했으므로 "지구 온난화를 안전한 수준으로 유지하려면 그 탄소를 대기 중에서 물리적으로 제거해야" 한다는 것이다. 나는 바로 가입하여 이른바 '선구자'가 되었다. 클라임웍스는 매달 신용카드 결제에 앞서 "고객님이 계속해서 CO_2를 돌로 바꿀 수 있도록 곧 가입을 갱신할 예정입니다" 라는 내용의 이메일을 보내왔다. 가입 후 1년이 지났을 때, 나는 내 탄소가 돌이 되는 현장을 방문해보기로 했다. 이 무모한 여행으로 내 탄소 배출량이 더 늘어나기는 하겠지만.

클라임웍스는 스위스 기반의 기업이지만, 공기를 돌로 만드는 시설은 아이슬란드 남부에 있다. 나는 레이캬비크에 도착하여 렌트한 차로 링로드—아이슬란드를 일주하는 1번 국도—를 따라 동쪽을 향했다. 운전한 지 10분 만에 나는 도시를 완전히 벗어났다. 약 20분 후에는 교외 지역을 지나 태고의 풍경 같은 용암 지대를 가로지르고 있었다.

이 나라는 본질적으로 전체가 용암 지대다. 아이슬란드는 대서양 중앙 해령 꼭대기에 위치하며, 대서양이 점차 넓어짐에 따라 반대 방향으로 당겨지고 있다. 국토를 비스듬하게 가로질러 활화산이 늘어선 지각판의 경계선이 있다. 나는 이 경계선 근처에 있는 300메가와트 규모의 지열발전소인 헬레셰이디 발전소로 향했다. 거인들이 길을 닦아 놓았지만, 이제는 버려진 땅 같은 풍경이었다. 나무도 덤불도 없이 풀과 이끼만 있었다. 그리고 각진 검은 돌들이 무더기로 쌓여 있었다.

발전소 입구에 도착하니 시설 전체가 김을 내뿜는 것 같았고, 공기에서는 유황 냄새가 났다. 곧 작고 귀여운 밝은 주황색 자동차 한 대가 다가왔다. 차에서 내린 사람은 발전소를 운영하는 레이캬비크 에너지 사장인 에다 아라도티르였다. 아라도티르는 둥근 얼굴에 안경을 쓰고, 뒤로 넘겨 핀으로 고정한 긴 금발 머리를 하고 있었다. 그는 나에게 안전모를 건네고 자기도 썼다.

지열 발전소는 다른 발전소들에 비해 '청정'하다. 지열 발전소가 주로 화산 활동 지대에 지어지는 것은 화석 연료를 태우는 대신 지하에서 끌어올린 증기나 과열수(비등점 이상으로 가열되었으나 압력으로 인해 기화되지 않은 상태의 물.-옮긴이)를 이용하기 때문이다. 그러나 아라도티르에 따르면 지열 발전소에서도 오염 물질의 배출이 일어난다. 과열수와 함께 황화수소—이것이 악취의 원인이었다—또는 이산화탄소 같은 원치 않는 가스가 나올 수밖에 없다. 사실 인류세 이전에는 화산이 대기 내 CO_2의 주요 공급원이었다.

10년 전쯤, 레이캬비크 에너지는 청정 에너지를 더욱 청정하게 만들 계획을 세웠다. 헬리셰이디 발전소에서 발생하는 이산화탄소를 공기 중으로 내보내지 않고 포집하여 물에 용해시킨 다음 그 물—고압의 탄산수라고 보면 된다—을 다시 지하로 내려보내려는 계획이었다. 아라도티르와 동료들은 CO_2가 지하 깊은 곳에서 화산암에 반응하여 광물화될 것이라고 추정했다.

"아시다시피, 암석은 CO_2를 저장하지요. 암석은 사실 지구상에서 가장 큰 탄소 저장소 중 하나입니다. 전 지구적 기후 변화에 맞서 싸우기 위해 바로 그 저장 과정을 모방하고 가속화하자는 것입니다."

아라도티르가 출입문을 열었고, 우리는 작은 주황색 차를 타고 발전소 뒤편으로 갔다. 늦봄의 산들바람 때문에 파이프와 냉각탑에서 올라오는 증기는 어디로 갈지 갈피를 못 잡는 것처럼 보였다. 우리는 로켓 발사대 같은 구조물에 딸린 거대한 금속 외장 건물에서 멈췄다. 그 건물에는 "STEINRUNNIÐ GRÓÐURHÚSALOFT"라는 표지판이 붙어 있었는데, '석화된 온실 기체'라는 뜻이다. 아라도티르가 로켓 발사대처럼 생긴 구조물이 바로 발전소의 CO_2가 다른 지열 가스로부터 분리되어 지하로의 주입을 준비하는 곳이라고 설명해 주었다. 우리는 조금 더 멀리 이동하여 화물 컨테이너에 초대형 에어컨이 붙어 있는 것처럼 생긴 다른 구조물로 갔다. 컨테이너 표지판에는 "급가동 주의"라고 쓰여 있었다.

이것이 바로 대기 중에서 나의—사실은 내가 배출하는 양의 극히 일부지만—탄소 배출을 제거해 주는 클라임웍스의 기계, 공식적인 이름으로는 '직접 공기 포집 장치'였다. 그때 갑자기 기계가 윙윙거리기 시작했다. 아라도티르가 말했다. "아, 지금 한 사이클이 시작되었어요. 우리가 운이 좋았네요."

그의 설명이 이어졌다. "사이클이 시작되면 우선 장비가 공기를 빨아들입니다. CO_2는 포집 장치 내부의 화학 물질에 달라붙습니다. 화학 물질을 가열하면 다시 방출되고요." 이 CO_2, 즉 클라임웍스의 CO_2는 발전소에서 나온 탄산수에 더해져서 주입부로 이동한다.

아무런 도움 없이도 인간이 배출한 CO_2 대부분은 화학적 풍화라는 자연적인 과정에 의해 결국 돌이 되겠지만, 여기서 "결국"이란 수백, 수천 년이 걸린다는 뜻으로 우리에게는 그만큼 기다릴 시간이 없다. 헬리셰이디 발전소에서는 이 화학 반응을 수백, 수천 배

기공에 탄산칼슘이 주입된 현무암 코어 시료.

가속화했다. 일반적으로 수천 년이 걸리는 과정을 몇 달 만에 일어나는 과정으로 압축한 것이다.

아라도티르는 최종 산물인 암석 코어 시료를 가져와서 보여주었다. 길이가 약 60cm, 지름이 5cm 정도 되는 그 코어는 용암 지대 특유의 검은색을 띠었다. 그런데 검은 돌—현무암—에 작은 구멍들이 나 있었고, 그 구멍에 흰색 화합물이 차 있었다. 탄산칼슘이었다. 그 흰 물질은 내가 배출한, 적어도 누군가가 배출한 탄소였다.

❖

사람들이 정확히 언제부터 대기를 바꾸기 시작했는가에 대해서는 논란의 여지가 있다. 한 가지 가설은 그 과정이 역사가 기록되기 전인 지금으로부터 8000~9000년 전, 중동의 밀 재배 그리고 아시아의 쌀 재배와 함께 시작되었다고 말한다. 초기의 농부들이 농사를 짓기 위해 땅을 개간하고 숲에서 나무를 베거나 불을 지르면서 CO_2가 배출되었다는 것이다. 그 배출량이 많지는 않았지만, 뜻밖의 결과를 가져왔다는 것이 '초기 인류세 가설'이라고 불리는 이 이론의 주장이다. 자연 순환에 따르면 대기 중의 CO_2 농도가 감소했어야 하는 기간에 인류의 개입으로 이전 수준의 CO_2농도가 유지되었다.

버지니아 대학교 명예 교수이자 가장 저명한 '초기 인류세' 가설 지지자인 윌리엄 러디먼은 "자연에 의한 기후 통제에서 인간에 의한 기후 통제로의 전환은 수천 년 전에 시작되었다"고 단언한다.[1]

더 넓은 지지를 받는 두 번째 가설은 그 진정한 전환이 18세기 말, 스코틀랜드의 엔지니어 제임스 와트가 신형 증기 기관을 설계한 이후 비로소 시작되었다는 것이다. 흔한 표현을 빌리자면, 와트의 증기 기관은 산업 혁명에 "시동을 걸었다." 증기력이 수력을 대체하면서 CO_2 배출은 곧 엄청나게 늘어났다. 와트의 발명품이 상품화된 첫해인 1776년에 인류가 배출한 CO_2는 1500만 톤이었는데 1800년에는 이 수치가 3000만 톤으로 늘어났으며, 1850년에는 2억 톤, 1900년에는 거의 20억 톤이 되었다.[2] 현재 연간 CO_2 배출량은 400억 톤에 육박한다. 우리가 대기를 변화시킨 정도를 다르게 표현하자면, 공기 중의 CO_2 분자 세 개 중 하나는 인간이 배출한 것이다.

이러한 인간의 개입으로 지구의 평균 기온은 와트가 살던 때보다 $1.1°C$ 상승했다. 이는 점점 더 불행한 여러 결과를 낳아왔다. 가뭄은 점점 더 심해지고,[3] 폭풍은 거세어지며,[4] 폭염은 더 지독해지고 있

다. 산불 시즌은 점점 더 길어지고,[5] 해마다 더 심해진다. 해수면 상
승도 가속화되고 있다. 〈네이처〉에 실린 최근의 한 연구에 따르면
남극의 빙상은 1990년대보다 세 배 빠르게 녹아내리고 있다.[6] 최근
에 발표된 또 다른 연구는 향후 수십 년 안에 대부분의 산호섬에서
사람이 살 수 없게 될 것이라고 예측했다.[7] 이것이 사실이라면 몰디
브나 마셜 제도는 국토 전체를 잃게 되는 것이다. J. R. 맥닐이 마르
크스를 인용하며 한 말을 변주하자면, "인간은 자신이 살아나갈 기
후를 스스로 만들지만, 그것을 자신의 뜻대로 만들지는 못한다."

　세계가 얼마나 더 뜨거워지면 방글라데시처럼 인구가 많은 나라
가 물에 잠긴다거나 산호초 같은 중요한 생태계가 붕괴하는 등의
절대적 재앙을 피할 수 없게 되는지를 정확히 말할 수 있는 사람은
아무도 없다. 공식적으로는 지구 평균 기온의 2°C 상승을 재앙의
임계점으로 본다. 사실상 거의 모든 국가가 2010년 칸쿤에서 열린
기후 변화 회의에서 이 수치에 합의했다.

　그러나 2015년 파리에서 만난 각국의 정상들은 이 기준을 재고했
고 2°C가 너무 느슨하다고 결정했다. 파리 협정의 서명국들은 "지
구 평균 기온 상승을 2°C보다 현저히 낮은 수준으로 유지하고, (…)
기온 상승을 1.5°C 이하로 억제하기 위해 노력할 것"을 약속했다.[8]

　2°C든 1.5°C든 가혹하기는 마찬가지다. 2°C 미만을 유지하려면
향후 수십 년 안에 전 세계의 탄소 배출량을 거의 0에 가깝게 감소
시켜야 하며, 기준을 1.5°C로 낮추면 단 10년 안에 그 일을 해내야
만 한다.[9] 그러려면 우선 농업 체계를 개조하고, 제조업을 혁신하

며, 휘발유 및 경유 차량을 폐기하고, 전 세계의 발전소 대부분을 대체해야 한다.

CO_2 제거는 이 셈법을 바꾸는 방법이다. 대기 중에서 대량의 CO_2를 추출한다면 '역배출negative emission'로 배출을 상쇄하는 것이 이론적으로는 가능하다. 재앙의 임계점을 넘은 다음에라도 공기 중의 탄소를 빨아들여 '생태 용량 초과'라는 재난 상황으로 이어지는 일은 막을 수 있을지도 모른다.

❖

'역배출'을 일종의 발명품으로 본다면, 그 발명자는 독일 태생 물리학자 클라우스 라크너라고 해야 할 것이다. 라크너는 짙은 눈동자와 튀어나온 이마를 가진 60대 후반의 깔끔한 신사다. 내가 그를 만난 것은 그가 일하는 애리조나 주립 대학교 연구실에서였다. 거의 아무런 장식이 없는 연구실에 괴짜를 묘사한 〈뉴요커〉 카툰 몇 장이 붙어 있었다. 그의 아내가 오려주었다는 그 카툰 중 하나는 수식이 가득 쓰인 거대한 화이트보드 앞에 두 명의 과학자가 서 있는 그림이었다. 첫 번째 과학자가 이렇게 말한다. "계산은 맞아, 조잡해서 그렇지."

라크너는 성인이 된 후 거의 내내 미국에 살았다. 1970년대 후반에 쿼크 개념을 발견한 사람 중 한 명인 조지 츠바이크와 함께 연구하기 위해 패서디나로 이주했고, 몇 년 후에는 융합을 연구하기 위해 로스앨러모스 국립연구소로 자리를 옮겼다. 거기서 진행한 연구에 대해 라크너는 이렇게 말했다. "국가 기밀에 속하는 연구도 있었고, 그렇지 않은 것도 있었습니다."

융합은 항성에 에너지를 공급하는 원리이며, 수소 폭탄이 바로 융합에 의한 것이다. 라크너가 로스앨러모스에 있을 당시에는 융합이 미래의 에너지원으로 큰 기대를 모으고 있었다. 이론적으로는 하나의 핵융합로만 있으면 수소 동위 원소로부터 무한한 양의 에너지를 탄소 배출 없이 발생시킬 수 있다. 라크너는 핵융합로가 구현되려면 적어도 수십 년은 기다려야 한다고 보았다. 그리고 그 수십 년이 지난 지금, 핵융합로가 나오려면 아직도 수십 년 더 기다려야 한다는 데 대부분의 사람들이 동의한다.

"제가 아마 다른 사람들보다 먼저 화석 연료 고갈에 관한 주장이 심하게 과장되었다는 것을 깨달았을 겁니다." 라크너는 이렇게 말했다.

1990년대 초의 어느 날 저녁, 라크너는 크리스토퍼 웬트라는 물리학자 친구와 맥주를 마시고 있었다. 두 사람은 "왜 아무도 이 미친, 그러나 대단한 계획을 더 이상 추진하지 않는지" 궁금해졌다. 그리고 이 궁금증은 더 많은 질문과 토론으로 (그리고 아마도 더 많은 양의 맥주로) 이어졌다.

두 물리학자는 그들만의 "미친, 그러나 대단한" 아이디어에 도달했고, 그렇게까지 '미친' 계획은 아니라고 판단했다. 그리고 그 대화가 있던 날로부터 몇 년 후, 그들은 수식으로 가득한 논문을 한 편 썼다. 자기 재생산 기계가 세계의 에너지 수요를 충족하면서도 인간이 화석 연료를 태움으로써 발생시킨 문제를 일거에 해소할 수 있음을 주장하는 논문이었다. 그들은 그 기계를 "악슨$_{auxon}$"이라고 불렀는데, '성장하다'라는 뜻의 그리스어 αυξάνω를 딴 이름이었다. 태양광 패널에 의해 에너지를 공급받는 악슨은 평범한 흙에서 추출한 규소와 알루미늄 등으로 더 많은 태양광 패널을 만들어 낸다. 패널이 늘어나면서 점점 더 많은 전력이 생산될 것이며 그 속도는 기하급수적으로 증가할 것이다. 100만km^2—이는 나이지리아 국토 면적에 해당하지만 라크너와 웬트는 "여러 사막보다 좁은" 면적이라고 썼다[10]—를 이 패널로 채우면 전 세계 전기 수요의 몇 배를 얻을 수 있다.

이 논문은 이 기계를 탄소 제거에도 활용할 수 있다고 제안한다. 라크너와 웬트의 계산에 따르면 나이지리아 크기의 태양광 농장이면 당시 기준으로 인간이 배출하는 CO_2 전부를 제거하기에 충분하다. 아이슬란드에서 내 몫의 탄소를 처리한 방법처럼, 라크너와 웬트도 CO_2를 암석으로 전환하는 것이 이상적인 방법이라고 썼다. 탄산칼슘을 현무암 공극에 주입할 생각은 하지 못한 탓인지, 두께 45cm, 넓이 100만km^2—다시 말하지만, 이는 나이지리아나 베네수엘라 같은 국가의 국토 면적에 해당한다—의 암석층으로 모든 국가의 수요가 충족될 것이라고 했는데, 이 암석을 어디에 둘지는 언급하지 않았다.

또 몇 해가 흘렀다. 라크너는 악슨에 관한 아이디어를 그대로 방치했다. 그러나 역배출에 대한 관심은 점점 더 커졌다.

라크너는 "때로는 이런 극단적인 사고가 많은 것을 알려 준다"고 말한다. 그는 이 주제에 관해 발언하고 논문도 쓰기 시작했다. 그는 인류가 대기에서 탄소를 뽑아낼 방법을 찾아야 할 것이라고 했다. 제정신이 아니라고 하는 동료도 있었지만, 선지자라고 하는 동료도 있었다. 전 미국 에너지부 부장관이자 현재 컬럼비아 대학교 교수인 줄리오 프리드만은 "라크너는 사실 천재"라고 말하기도 했다.

2000년대 중반, 라크너는 랜즈엔드(미국 의류업체.-옮긴이) 창립자 게리 커머에게 탄소 흡수 기술 개발 계획을 제안했다. 그 회의에 배석한 커머의 투자 고문은 라크너가 벤처 투자자가 아니라 "어드벤처 투자자"를 구하는 것 같다고 빈정거렸지만,[11] 커머는 500만 달러를 내놓았다. 라크너의 회사는 소형 시제품을 만드는 데까지 이르렀지만 하필이면 새로운 투자자를 찾고 있던 2008년, 금융 위기가 닥쳤다.

"타이밍이 절묘했지요." 라크너는 이렇게 표현했다. 자금을 더 유치할 수 없어 회사를 정리했다. 그러는 동안 화석 연료 소비량은 계속 늘어났고, 이에 따라 CO_2 농도는 더 높아졌다. 라크너는 인류가 이미 자기도 모르게 CO_2 제거에 사활을 걸게 되었다는 믿음을 갖게 되었다.

"우리는 매우 불편한 상황에 놓여 있습니다." 라크너의 입장은 확고했다. "CO_2 제거 기술이 실패하면, 우리는 심각한 문제에 직면하게 됩니다."

❖

라크너는 2014년 애리조나 주립 대학교에 '탄소역배출센터'를 설립했다. 그가 고안한 장비는 대개 연구실에서 몇 블록 거리에 있는 한 작업장에서 만들어진다. 우리는 잠시 이야기를 나누다가 그곳으로 이동했다.

작업장에서는 엔지니어 한 명이 접이식 매트같이 생긴 것을 수선하고 있었는데, 매트였다면 충전재가 들어 있을 자리에 얇은 플라스틱 리본들이 질서정연하게 채워져 있었다. 리본에는 호박색의 초소형 구슬 수천 개가 가루처럼 붙어 있었다. 이 구슬의 소재는 수처리에 통상적으로 사용되는 수지다. 말라 있을 때는 이 구슬 가루가 CO_2를 흡수하고, 젖으면 방출한다. 접이식 매트 구조로 만든 이유는 애리조나의 건조한 공기에 리본을 노출시킨 다음 이 장치를 물이 차 있는 밀봉된 용기에 접어 넣기 위해서였다. 건식 단계에서 포집된 CO_2는 습식 단계에서 방출되며, 파이프를 통해 용기에서 CO_2를 뽑아낸 후 전체 과정을 다시 시작한다. 이 과정에서 매트는 계속 접었다 폈다를 반복하게 된다.

라크너는 세미트레일러 크기의 장비 하나로 하루에 CO_2 1톤, 따라서 연간 365톤을 제거할 수 있다고 했다. 현재 전 세계의 CO_2 배출량이 연간 약 400억 톤이므로 트레일러 크기의 장비 1억 개를 만든다면 어느 정도 감당할 수 있으리라는 것이 그의 계산이었다. 1억이라는 숫자가 벅차게 들린다는 점은 그도 인정했다. 그러나 2007년에 처음 나온 아이폰이 지금 거의 10억 대나 사용되고 있다는 것을 생각해보라고 했다. 라크너는 이렇게 말했다. "우리는 이제 막 게임을 시작한 것입니다."

라크너는 "심각한 문제"를 피하는 열쇠가 사고의 전환에 있다고 본다. "우리는 패러다임을 바꾸어야 합니다." 그가 말하는 패러다임 변화란 우리가 하수를 바라보는 방식으로 CO_2를 바라보아야 한다는 것이다. 우리는 사람들이 폐수를 내보내지 않기를 기대하지 않는다. "화장실에 덜 가는 사람에게 보상을 한다는 것은 말이 안 되죠."[12] 그렇다고 거리에 똥을 누게 내버려 두지도 않는다. 그는 탄소 문제 해결이 이렇게 어려운 이유 중 하나가 윤리적 책임론에 있다고 주장한다. 탄소 배출을 나쁜 것으로 보는 한, 탄소를 배출하는 사람은 모두 범죄자가 된다는 것이다.

라크너는 한 논문에서 이렇게 썼다. "이런 입장은 사실상 모든 사람을 죄인으로 만들고 기후 변화를 염려하면서도 여전히 현대 문명의 혜택을 누리는 많은 사람들을 위선자로 만든다."[13] 패러다임 전환은 논점을 바꿀 것이다. 사람들이 대기를 바꾸어 놓은 것이 사실이고, 이것이 온갖 끔찍한 결과로 이어질 수 있다는 것도 사실이다. 하지만 인간은 창의적이다. 사람들은 미친, 그러나 대단한 아이디어를 내고 때로는 그런 아이디어가 실현되기도 한다.

2020년 초, 의도하지 않은 대규모의 실험이 이루어졌다. 코로나 바이러스가 급속도로 확산되면서 수십억 명의 사람들이 집에 머물라는 명령을 받았다. 봉쇄령이 절정에 달한 4월, 세계 CO_2 배출량은 전년도 동일 기간에 비해 17% 감소한 것으로 추정된다.[14]

이 하락 폭은 역사상 가장 큰 수치로 기록되었으나, 곧 또 다른 기록적인 수치가 뒤따랐다. 2020년 5월, 대기 중 CO_2 농도는 417.1ppm로 사상 최고치를 기록했다.

배출량의 감소와 대기 중 농도 증가는 CO_2에 관해 확실한 사실 한 가지를 알려준다. 일단 대기 중에 배출된 CO_2는 거기에 머무른다는 것이다. 정확히 얼마나 오래 머무르는지는 복잡한 문제다.[15] 그러나 배출된 CO_2는 어쨌든 누적된다. 이 상황은 흔히 욕조에 비유된다. 수도꼭지를 열면 마개를 닫은 욕조에 물이 계속 차오른다. 수도꼭지를 조금 잠그더라도 욕조의 물은 차오른다. 단지 천천히 차오를 뿐이다.

이 비유를 확장하자면, 2°C짜리 욕조는 거의 가득 찼고, 1.5°C짜리 욕조는 거의 넘칠 지경이라고 할 수 있을 것이다. 탄소에 관한 셈법이 어려운 이유가 바로 여기에 있다. 배출량 감축은 반드시 필요하지만, 동시에 불충분하다. 우리가 배출량을 반으로 줄인다고 해도—그러려면 전 세계 인프라의 상당 부분을 재편해야 한다—CO_2 농도는 덜 빠르게 상승할 뿐 감소하지 않을 것이다.

형평성 문제도 있다. 탄소 배출량은 누적되므로 기후 변화의 가장 큰 책임은 이전부터 지금까지 탄소를 가장 많이 배출한 사람들에게 있다. 미국 인구는 전 세계 인구의 4%지만, 탄소 배출량에서 미국이 책임져야 하는 몫은 총량의 30% 가까이 된다.[16] 세계 인구

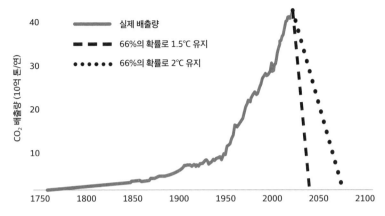

CO$_2$ 제거 없이 기온 상승을 2℃ 미만으로 유지할 확률 3분의 2를 확보하려면 향후 수십 년 내에 CO$_2$ 배출을 0으로 떨어뜨려야 하며, 1.5℃ 미만으로 유지하려면 CO$_2$ 배출을 그보다 훨씬 빨리 감소시켜야 한다.

의 약 7%를 차지하는 유럽 연합 국가들은 배출 총량의 약 22%에 해당하는 탄소를 발생시켰다. 전 세계 인구의 약 18%가 살고 있는 중국의 탄소 배출량은 총량의 13%다. 인도의 인구는 현재 세계 최대 인구 보유국인 중국을 곧 따라잡을 것으로 예상되지만, 탄소 배출량 비중은 3%밖에 안 된다. 아프리카와 남미의 모든 나라를 합한 탄소 배출량은 전체의 6% 미만이다.

0에 도달하려면 모두가, 즉 미국, 유럽, 중국뿐 아니라 인도, 아프리카, 남미에서도 모두가 배출을 중단해야 할 것이다. 그러나 이 문제에 거의 책임이 없는 나라에 다른 나라들이 이미 너무 많은 탄소를 배출했으니 너희도 탄소 배출을 중단하라고 요구하는 것은 극히 불공평하다. 지정학적으로도 근거가 없다. 이러한 이유로, 국제 기후 협약은 늘 "공동의 그러나 차별화된 책임common but differentiated responsibilities"을 전제로 해왔다. 파리 협정 때도 선진국에게는 "경제 전반에 걸친 배출 절대량 감축 목표 달성을 맡아 주도적인 역할을 담당"할 것을 요청한 반면, 개발 도상국에게는 그들의 '완화 노력'을 강화하라는 모호한 주문에 그쳤다.

이 모든 정황은 역배출이라는 아이디어를 고려하지 않을 수 없게 만든다. 인류가 이 아이디어에 이미 큰 기대를 걸고 있다는 것은 최근 '기후 변화에 관한 정부 간 협의체Intergovernmental Panel on Climate Change, IPCC'가 파리 협정을 준비하는 과정에서 발간한 보고서를 보면 알 수 있다. IPCC는 미래를 내다보기 위해 복잡한 수식으로 세계 경제 및 에너지 체계를 설명하는 컴퓨터 모델에 의존한다. 이 모델의 산출물은 수치로 번역되며, 기후 과학자들은 그 수치를 이용하여 기온이 얼마나 상승할지 예측한다. 이 보고서에서 IPCC는 1000개 이상의 시나리오를 검토했다. 대부분의 모델에서 공식적인 재앙의 임계점인 $2°C$를 넘는 온도 상승이 나타났고, 일부에서는 $5°C$ 이상 상승했다. 116개의 시나리오만이 $2°C$ 미만의 온도 상승을 일관되게 유지했는데 그중 101개가 역배출을 고려한 시나리오였다.[17] 파리 협정 후 IPCC는 기준 임계점을 $1.5°C$로 낮추어 또 한 권의 보고서를 작성했다. 이 목표를 달성할 수 있는 시나리오는 **모두** 역배출을 전제로 한 것이었다.[18]

라크너는 이렇게 말했다. "IPCC가 정말 말하려는 건 이것이라고 생각합니다. '우리는 아주 많은 시나리오를 검토했는데 우리가 무사히 살아남을 시나리오는 모두 역배출이라는 마법의 손길을 필요로 했다. 다른 시나리오는 모두 벽에 부딪혔다.'"

❖

내 탄소를 아이슬란드에 묻어주기로 한 클라임웍스는 대학교 친구였던 크리스토프 게발트와 얀 부르츠바허가 공동 창업한 회사다. 부르츠바허는 이렇게 회상한다. "우리는 개강 첫날 만났습니다. 첫 주에 서로에게 앞으로 뭘 하고 싶은지 물어봤던 기억이 나네요. 저는 내 회사를 차리고 싶다고 했어요." 둘은 결국 한 명분의 대학원생 생활 보조금을 둘로 쪼개어 각각 하프타임으로 박사 과정에 다니면서 나머지 절반의 시간을 할애해 회사를 시작했다.

라크너처럼 그들도 많은 회의론에 직면했다. 그들이 하려는 일이 혼란을 야기한다는 말도 들었다. 대기 중에서 CO_2를 뽑아낼 방법이 있다고 생각하면 사람들은 훨씬 더 많은 CO_2를 배출할 것이라는 주장이었다. "우리와 싸우는 사람들은 '어이, 자네들, 그러면 안 돼'라고 했지만, 우리는 끄떡도 안 했죠."

삼십 대 중반이 된 부르츠바허는 짙은 갈색의 부시시한 머리카락이 소년 같은 느낌을 주는 호리호리한 청년이다. 나는 취리히의 클라임웍스 본사—사무실과 금속 가공 작업장이 함께 있다—에서 그를 만났다. 그곳의 분위기는 스타트업 같기도 하고 자전거 매장 같기도 했다.

"기류에서 CO_2를 추출하는 것은 로켓 과학이 아닙니다." 부르츠

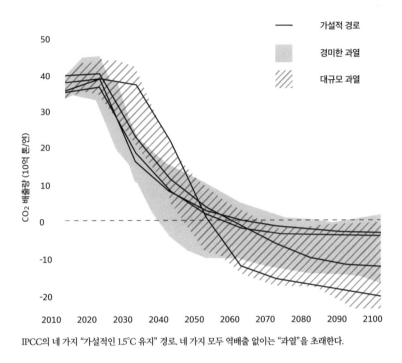

IPCC의 네 가지 "가설적인 1.5℃ 유지" 경로. 네 가지 모두 역배출 없이는 "과열"을 초래한다.

바허는 이렇게 말했다. "그렇게 새로울 것도 없고요. 사람들은 50년 전부터 기류에서 CO_2를 걸러냈습니다. 용도가 달랐을 뿐이지요." 예를 들어 잠수함에서 선원이 내쉬는 CO_2를 공기 중에서 빨아들이지 않고 내버려 두면 그 농도가 위험한 수준까지 높아질 것이다.

그러나 공기 중의 탄소를 뽑아내는 기술이 있다고 해도 그 일을 대규모로 하는 것은 또 다른 문제다. 공기 중의 CO_2 포집은 **에너지가 필요한** 일이며, 우리는 에너지를 얻기 위해 으레 화석 연료를 연소시킨다. CO_2 포집을 위해 화석 연료를 태운다면 포집해야 하는 탄소가 더 늘어날 것이다.

두 번째 문제는 폐기다. 포집한 CO_2는 어디로든 보내야 하며, 그 곳은 안전해야 한다. 부르츠바허는 "설명하기 쉽다는 것이 현무암 을 활용하는 방법의 장점"이라고 말한다. "누군가 '그런데, 정말 안 전한 건가요?'라고 질문할 때 지하 1km에서 2년 안에 돌이 된다고 대답하면 그것으로 충분할 겁니다." 그러나 적당한 지하 저장 장소 는 드물지 않지만 흔하지도 않다. 다시 말해, 대규모 탄소 포집 플 랜트를 지질학적으로 적합한 위치에 건설하든가, 그것이 불가능하 다면 멀리까지 이송해야 한다는 문제가 생긴다.

끝으로, 비용 문제도 있다. 공기 중에서 CO_2를 포집하려면 돈이 든다. 지금으로서는 그 비용이 막대하다. 클라임웍스는 가입자가 배출한 탄소를 돌로 바꾸어 주는 데 톤당 1000달러를 청구한다. 나 는 레이캬비크까지 가는 편도 비행—돌아오는 항공편과 스위스의 클라임웍스 본사 방문을 위한 여행 등 다른 데서 배출한 양은 다 빼고—만으로 나에게 주어진 200파운드(약 90kg.-옮긴이)의 할당량 을 다 써 버렸다.[19] 부르츠바허는 탄소 포집 장비가 늘어날수록 가 격은 내려갈 것이라고 장담했다. 그가 예상하기로는 대략 10년 안 에 톤당 100달러 정도로 떨어질 것이라고도 했다. 배출량에 따라 세금을 부과한다면, 즉 대기 중에서 1톤을 포집함으로써 그만큼의 절세 효과를 거둘 수 있다면 이야기는 달라질 것이다. 그러나 여전 히 공짜로 탄소를 대기 중에 버릴 수 있는데 누가 그 돈을 지출하 겠는가? 톤당 100달러라고 하더라도 10억 톤—전 세계 연간 탄소 배출량에 비하면 미미한 양이다—에 1000억 달러가 든다.* 나는 부르츠바허에게 우리 사회가 직접 공기 포집direct air capture에 비용을 지불할 준비가 되어 있느냐고 질문하자 그는 이렇게 대답했다. "우리가 너무 이른 것일 수도 있고, 우리가 옳을 수도 있습니다. 어쩌면 너무 늦었을 수도 있고요. 그건 아무도 모릅니다."

❖

대기 중에 CO_2를 더하는 방법이 여러 가지이듯, CO_2를 제거할 방법도 여러 가지일 것이다.

'강화된 풍화enhanced weathering'라는 기법의 원리는 헬리셰이드 발전소에서 둘러본 프로젝트의 정반대다. 이것은 CO_2를 땅속 깊은 곳의 암석에 주입하는 대신에 암석을 지표면으로 가져와서 CO_2에 닿게 한다는 아이디어다. 채굴한 현무암을 분쇄한 후 덥고 습한 지역의 농경지에 도포하면 분쇄된 암석이 공기 중의 CO_2를 끌어와 그것과 반응할 것이다. 또 다른 방법으로, 화산암에 흔한 녹색 광물인 감람석을 갈아서 바다에 용해시키는 방법도 제안되었다. 그러면 해수가 더 많은 CO_2를 흡수하도록 유도할 수 있고, 그러면 CO_2를 제거하는 데 더하여 해양 산성화도 방지할 수 있다.

또 다른 역배출 기술은 생물학에서 힌트를 얻었다. 식물은 생장

---

* CO_2 배출량은 CO_2의 총중량으로 계산할 수도 있고 탄소 중량만 고려할 수도 있다. 이 장에서 나는 대개 첫 번째 방식을 택했으며 클라임웍스도 그렇게 했지만, 많은 과학 문헌은 후자를 사용한다. 나는 전자를 "CO_2 ○○○톤", 후자를 "탄소 ○○○톤"으로 표기하여 둘을 구분했다. 즉, 전 세계의 연간 배출량인 CO_2 400억 톤은 탄소 100억 톤에 해당한다.

과정에서 CO_2를 흡수하며, 썩으면 공기 중으로 되돌려 놓는다. 숲을 새로 조성하면 그 숲이 성숙 단계에 이를 때까지 탄소 저감 효과가 있을 것이다. 최근에 스위스에서 나온 한 연구는 1조 그루의 나무를 심으면 수십 년에 걸쳐 대기 중의 탄소 2000억 톤이 제거될 수 있다고 추정했다.[20] 이 수치가 10배 이상 과장되었다고 주장하는 연구자들도 있었으나,[21] 반론을 제기하는 사람들도 신규 조성 산림의 탄소 격리carbon sequestration 효과가 "상당하다"는 점에 있어서는 모두 인정한다.[22]

부패에 의한 탄소 배출 문제를 해결하기 위한 갖가지 보존 기법도 제안되었다. 그중 하나는 성숙한 나무를 베어 구덩이에 파묻는 것이다.[23] 산소가 없으면 부패가 방지되고, 그러면 CO_2가 배출될 일이 없기 때문이다. 옥수숫대 같은 농업 부산물을 모아 깊은 바닷속에 버리자는 제안도 나왔다.[24] 어둡고 차가운 심해에서는 부패가 아주 서서히 일어나거나 아예 일어나지 않을 것이다. 이상하게 들릴지도 모르지만, 모두 자연에서 영감을 얻은 아이디어들이다. 석탄기에 방대한 양의 식물이 침수되어 땅에 묻혔고, 그 최종 결과물이 석탄이다. 석탄을 땅속에 그대로 남겨두었다면 그 안의 탄소도 아마 영원히 갇혀 있었을 것이다.

재조림과 지하 주입 방법을 결합한 것이 BECCS("벡스"라고 읽는다)— "바이오 에너지와 탄소 포집 및 저장 연계bioenergy with carbon capture and storage"의 약자—라는 기법이다. IPCC는 BECCS 모델을 전적으로 지지한 바 있다. 기후 문제와 관련된 셈법에서는 이례적으로 역배출과 전력 생산이 동시에 이루어지는, 말하자면 두 마리 토끼를 다 잡는 방법이기 때문이다.

BECCS의 첫 단계는 나무(또는 다른 작물)를 심어 대기 중에서 탄소를 흡수하게 하는 것이다. 그다음에는 나무를 태워 전기를 생산하고 거기서 나온 CO_2는 굴뚝에서 포집하여 지하에 밀어 넣는다. (2019년 목재 펠릿으로 가동되는 영국 북부의 한 발전소에서 세계 최초의 BECCS 파일럿 프로젝트가 착수되었다.)

이 모든 대안도 직접 공기 포집과 동일하게 '규모'의 문제에 부딪힌다. '목재 수확 및 저장' 개념을 창안한 메릴랜드 대학교 닝 쩡 교수는 나무를 땅속에 묻어서 연간 50억 톤의 탄소를 격리하려면 올림픽 수영 경기장만 한 구덩이 1000만 개가 필요하다고 추산했다. "10명이 기계 장비로 구덩이 하나를 파는 데 일주일이 걸린다고 하면, (…) 20만 팀(200만 명)과 그들이 사용할 장비가 있어야 1년 안에 필요한 구덩이를 다 팔 수 있다."[25]

최근 독일 연구진이 발표한 논문에 따르면 '강화된 풍화' 기술로 CO_2 10억 톤을 제거하려면 약 30억 톤의 현무암이 채굴, 분쇄, 운송되어야 한다.[26] 이 논문의 저자들은 "이것이 매우 많은 양이기는 하지만" 연간 80억 톤에 이르는 전 세계 석탄 생산량에 비하면 적은 것이라고 지적한다.

1조 그루의 나무를 심으려면 약 900만km^2의 임지가 새로 필요하다. 그것은 알래스카를 포함한 미국 전체 면적에 상응한다. 그만한 땅에서 농작물을 키울 수 없게 되면 수백만 명이 기아의 위기에

처할 수 있다. 조지타운 대학교 올루페미 O. 타이오 교수가 말한 것처럼 "한 걸음 거대한 전진을 이룰 때마다 정의는 두 걸음 퇴보하게"될 위험이 있다.[27] 그러나 개간되지 않은 땅을 사용하면 더 안전할지는 불분명하다. 숲은 어두우므로 툰드라 지대가 숲으로 바뀌면 지구에 흡수되는 에너지의 양을 증가시키고, 따라서 의도와 반대로 오히려 지구 온난화에 기여하는 결과를 초래할 것이다. 이 문제를 피하는 한 가지 방법은 크리스퍼를 이용한 유전자 조작으로 밝은색 나무를 만들어내는 것이다. 내가 아는 한 아직 이런 제안을 한 사람은 없지만, 곧 나타날 것이라고 확신한다.

클라임웍스는 아이슬란드에서 '선구자' 프로그램을 개시하기 몇 년 전, 스위스의 한 쓰레기 소각로 꼭대기에서 직접 공기 포집 장치를 처음으로 가동했다. 그리고 "클라임웍스는 역사를 만든다"고 선언했다.

취리히에 머물던 어느 오후, 나는 클라임웍스의 홍보 매니저 루이제 샤를과 함께 "역사를 만드는" 현장을 방문했다. 우리는 기차를 타고 외곽으로 나가 또 버스를 타고 취리히에서 남동쪽으로 약 32km 떨어진 힌빌이라는 소도시에 도착했다. 사탕 봉지 같은 줄무늬 굴뚝이 있는 거대한 소각장 건물을 향해 진입로를 걷고 있을 때, 쓰레기를 가득 실은 트럭 한 대가 지나갔다. 입구 로비에는 쓰레기로 만든 여러 설치 미술 작품이 있었고, 쓰레기를 비추는 여러 대의 모니터 앞에 몇 사람이 앉아 있었다. 우리는 방문자 기록부에 서명하고 나서 엘리베이터를 타고 꼭대기 층으로 올라갔다.

소각로 지붕에 있는 포집 장치는 헬리셰이디에서 본 것과 흡사했다. 세 줄로 배치된 18개의 장치는 장난감 블록처럼 서로 포개어져 있었다. 클라임웍스의 작업을 그림으로 보여주는 금속 패널은 견학하러 오는 학생들을 위한 것으로 보였다. 쓰레기가 트럭에서 소각로로 옮겨지는 그림이 있었는데, 내부에는 작은 불꽃이 있었다. "폐열"이라고 쓰인 파이프 하나가 불꽃으로부터 포집 장치로 연결되었다. (소각로의 폐열을 사용하는 것은 클라임웍스가 배출 탄소를 포집하기 위해 또 다른 탄소를 배출하는 문제를 피할 수 있게 해 준다.) "농축 CO_2"라고 표시된 두 번째 파이프는 포집 장치에서 한 온실로 연결되었는데, 온실은 공중에 뜬 채 자라는 채소들로 가득했다.

CO_2가 들어가는 실제 온실도 멀찍이 보였다. 샤를은 온실도 둘러볼 수 있도록 해주었지만, 최근 무릎 수술을 받은 탓에 절뚝거리고 있어서 온실에는 나 혼자 가기로 했다. 입구에 도착하자 온실 관리자 파울 루제르가 맞이해 주었는데, 통역해줄 샤를이 없다 보니 영어와 독일어가 뒤죽박죽된 대화를 나누어야 했다.

루제르는 (내가 그의 말을 제대로 알아들었다면) 온실의 재배 면적—유리 아래의 총면적, 즉 공중의 재배 면적 포함—이 약 4만 5000m^{2}라고 했다. 바깥은 스웨터를 입어야 할 날씨였지만 온실 안은 여름이었다. 상자에 담아 데려온 호박벌이 정신없이 윙윙거렸다. 오이 넝쿨은 작은 배양토 벽돌에서 솟아올라 3.5m 높이로 자랐다. 스위

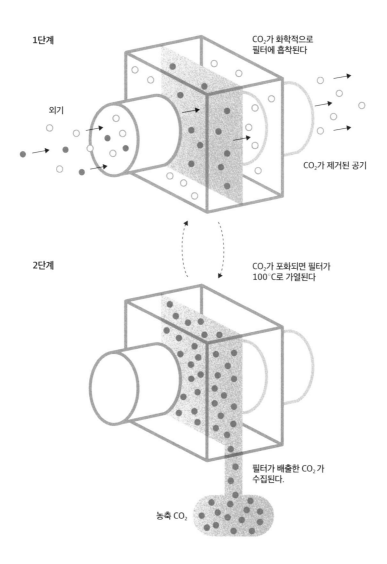

1단계

외기

CO_2가 화학적으로
필터에 흡착된다

CO_2가 제거된 공기

2단계

CO_2가 포화되면 필터가
100℃로 가열된다

필터가 배출한 CO_2가
수집된다.

농축 CO_2

클라임웍스의 CO_2 제거 시스템은 2단계 프로세스로 이루어진다.

스에서 스낵구르케라고 부르는 미니 오이 품종으로, 막 수확한 오이들이 통에 가득 쌓여 있었다. 루제르는 바닥에 있는 검은색 플라스틱 튜브를 가리키며, 클라임웍스의 포집 장치에서 CO_2를 보내주는 튜브라고 설명했다.

루제르는 이렇게 설명했다. "모든 식물은 CO_2를 필요로 하고, CO_2를 더 많이 공급해 주면 더 튼튼해집니다." 특히 가지 같은 식물은 CO_2가 많으면 특히 더 잘 자라서, 1000ppm까지 농도를 높일 수도 있을 것이라고 했다. 이것은 노지의 두 배에 해당하는 농도다. 하지만 무작정 농도를 높일 수는 없다. 클라임웍스에 CO_2를 공급받는 대가를 지불해야 하므로 세심하게 양을 조절해야 한다. "수지타산을 맞춰야 하니까요."

CO_2 제거는 반드시 이루어야 하는 과제일지도 모른다. IPCC의 계산은 이미 그것을 전제로 한다. 그러나 현 상황에서는 경제적 타당성이 없다. 아무도 구매하려고 하지 않는 상품을 위해 1000억 달러짜리 공장을 세울 수는 없는 노릇이 아닌가. 가지와 미니 오이는 임시방편임을 인정할 수밖에 없다. 클라임웍스는 CO_2를 온실에 판매함으로써 포집 장치의 가동을 유지할 수입원을 확보했지만, 문제는 포집된 탄소를 잠시 동안만 묶어둘 수 있다는 점이다. 오이를 먹은 사람은 결국 오이 생산에 들어간 CO_2를 다시 방출할 것이다.

더 작은 흙벽돌에서 나온 방울토마토의 나선형 줄기는 천장 꼭대기까지 올라갔다. 수확한 지 하루나 이틀이 지난 토마토들은 온실 토마토가 으레 그렇듯이 완벽했다. 루제르는 몇 개를 집어 나에게 건넸다. 소각한 쓰레기, 유리로 만든 농장, 상자에 담긴 호박벌, 화학 물질과 포집된 CO_2로 자라는 채소. 멋진 신세계일까 아니면 완전히 미친 짓일까? 나는 잠시 숨을 고르고 나서 토마토를 입에 넣었다.

2

화산 폭발 지수volcanic explosivity index, VEI는 1980년대에 리히터 규모의 사촌 격으로 개발되었다. 이 지수는 잔잔한 용암 분출을 뜻하는 0에서 "엄청난 규모의mega-colossal" 기록적인 재앙을 뜻하는 8까지로 표현된다. 더 잘 알려진 리히터 규모와 마찬가지로 VEI에서도 각 단계의 관계는 대수적이다. 예를 들어, 화산 분출물이 1억m³을 초과하면 규모 4, 10억m³를 초과하면 규모 5가 된다. 지금까지 규모 7(1000억m³)로 기록된 화산 폭발은 손에 꼽히며, 규모 8은 일어난 적이 없다. 가장 최근에 일어난—그리고 가장 잘 기록된—규모 7의 화산 폭발은 인도네시아 숨바와섬에서 일어난 탐보라 화산 폭발이다.

탐보라가 최초의 경고 사격을 한 것은 1815년 4월 5일 저녁이었

탐보라 화산 폭발은 거대한 분화구를 남겼다.

다. 굉음을 들었다고 전한 그 일대의 사람들은 대포 소리라고 여겼
다. 닷새 후, 탐보라산에서 분출한 연기와 용암 기둥이 40km 높이
까지 치솟았다.[1] 그리고 1만 명이 거의 즉사했다.[2] 그들은 경사면을
따라 내려오는 용융 암석과 뜨거운 증기가 만들어낸 구름에 의해
재가 되어버렸다. 한 생존자는 "사방으로 뻗어나가는 액체 불덩어
리"를 보았다고 했다.[3] 대기를 뒤덮은 먼지 때문에 낮이 밤으로 바
뀌었다. 탐보라에서 북쪽으로 400km 떨어진 곳에 정박하던 영국
의 한 선장에 따르면 "손을 코앞에 가져다 대도 보이지 않을 정도"
였다.[4] 숨바와섬 그리고 인근의 롬복섬의 농작물들이 화산재 속에
파묻혀, 아사한 사람도 1만 명에 달했다.

　이 죽음은 시작에 불과했다. 탐보라가 재와 함께 방출한 1억 톤

하늘 위로 올라가다

이 넘는 가스[5]와 미세 입자는 수년 동안 대기 중에 머무르며 성층권의 바람을 타고 전 세계를 떠다녔다. 연무는 눈에 보이지 않았으며 오히려 반대였다. 유럽의 일몰은 섬뜩한 푸른빛과 붉은빛을 띠었고, 이 현상은 여러 사람의 일기와 카스파르 다비트 프리드리히, J. M. W. 터너 등의 화폭에 기록되었다.

유럽은 잿빛의 냉기에 휩싸였다. 1816년 6월, 바이런 경은 퍼시 셸리, 메리 셸리와 함께 제네바 호숫가의 별장을 하나 빌렸다. 이것은 세계에서 가장 유명한 여름휴가가 되었다. 그치지 않는 비 때문에 집 안에 갇힌 그들은 유령 이야기를 쓰기로 했고, 이 습작을 바탕으로 《프랑켄슈타인》이 탄생했기 때문이다. 그해 여름, 바이런은 〈암흑〉이라는 시를 썼다.

> 아침이 왔다 가고, 또 왔지만 낮은 오지 않았네.
> 인간들은 이 황량함이 무서워 열정을 잊었고,
> 모든 심장은 싸늘해져 빛을 갈구하는
> 이기적인 기도만 했네.

음산한 날씨는 아일랜드에서 이탈리아에 이르는 지역에 흉작을 가져왔다. 라인란트를 여행하던 군사 전략가 카를 폰 클라우제비츠는 "반쯤 썩은 감자" 가운데 먹을 수 있는 것을 찾으며 "들판을 배회하는, 거의 인간이라고 보기 힘들 만큼 망가진 사람들"을 목도했다.[6] 스위스에서는 굶주린 군중이 빵집을 부수고, 영국에서는 "빵이 아

니면 피를"이라는 깃발 아래 행진하는 시위대가 경찰과 충돌했다.[7]

기근으로 죽은 사람이 얼마나 많았는지는 분명치 않으며, 수백만 명이라고 추정되기도 한다.[8] 많은 유럽인이 배고픔 때문에 미국으로 이주했지만, 막상 가 보니 대서양 건너편의 상황도 썩 좋지 않았다. 나중에 붙여진 별명처럼 뉴잉글랜드의 1816년은 "여름이 없던 해", 또는 "1800년대의 얼어 죽을 뻔한 해"였다. 버몬트 중부에서는 6월 중순에도 너무 추워서 처마에 30cm 길이의 고드름이 달렸다. 지역 신문인 《버몬트 미러》는 "죽음 같은 어둠이 자연의 얼굴을 가려버린 듯한 풍경"이라고 썼다.[9] 7월 8일에는 훨씬 더 남쪽인 버지니아주 리치먼드에도 서리가 내렸다.[10] 매사추세츠주 윌리엄스타운에 있는 윌리엄스 대학교의 체스터 듀이 교수는 8월 22일 오이 농장이 냉해를 입었다고 기록했고,[11] 8월 29일에는 더 심한 한파로 옥수수 대부분이 죽었다.

❖

프랭크 코이치는 이렇게 설명해 주었다. "화산은 이산화황을 성층권에 가져다 놓습니다. 그 이산화황은 몇 주 안에 황산으로 산화됩니다."

그의 설명은 계속되었다. "매우 끈적거리는 황산 분자는 대개 $1\mu m$가 안 되는 입자—농축된 황산 액적concentrated sulfuric acid droplet—를 만들기 시작합니다. 이 에어로졸은 몇 년 동안 성층권에 머무르며 태양광을 산란시켜 우주로 돌려보냅니다." 그 결과 기온 하강과 환상적인 일몰, 그리고 때로는 기근을 일으키는 것이다.

코이치는 독일인 특유의 경쾌한 억양을 지닌 (그의 고향은 슈투트가르트 근처다) 검은 머리의 건장한 남자다. 내가 그를 만난 것은 늦겨울의 어느 화창한 날이었다. 케임브리지에 있는 그의 연구실에 들어가니 자녀의 사진이 먼저 눈에 띄었다. 그가 찍힌 사진들은 아이들이 찍어 준 것이라고 했다. 그는 화학을 전공했으며, 빌 게이츠가 자금 일부를 대는 하버드 대학교 태양 지구 공학 연구 프로그램의 주요 과학자 중 한 명이다.

태양 지구 공학―'태양 복사 관리solar radiation management'라는 좀 더 온건한 명칭으로 불리기도 한다―의 전제는 화산이 지구를 식힐 수 있다면 인간도 할 수 있다는 것이다. 무수히 많은 반사 입자를 성층권에 살포하면 지구에 도달하는 태양광이 줄어들 것이다. 그러면 기온이 더 이상 상승하지 않을―혹은 적어도 크게 상승하지는 않을―것이고, 우리는 재앙을 피할 수 있다.

강물에 전기를 흐르게 하고 설치류의 유전자를 재설계하는 시대지만, 태양 지구 공학은 받아들여지지 않고 있다. 사람들은 "믿을 수 없을 정도로 위험"하고,[12] "지옥으로 가는 광폭 고속도로"이며,[13] "상상할 수 없을 정도로 과감한" 아이디어라고 생각하며,[14] 기껏해야 "불가피한" 방법[15]이라고 말한다.

코이치도 처음에는 마찬가지였다. "처음에는 완전히 미친, 당황스러운 아이디어라고 생각했습니다." 그의 마음을 돌린 것은 두려움이었다.

"내가 걱정하는 건 10년 내지 15년 안에 사람들이 거리로 뛰쳐나와 의사 결정권자들을 향해 '당장 조치를 취해라!'라고 외치게 될 수도 있다는 것입니다." 그는 계속 말을 이어갔다. "CO_2와 관련된 여러 문제에 대해 당장 할 수 있는 일은 아무것도 없습니다. 따라서 대중으로부터 빨리 뭔가를 하라는 압박이 있다면, 성층권 지구 공학 외에는 대안이 없을 것 같다는 게 제가 우려하는 점입니다. 그때 연구를 시작하면 너무 늦습니다. 성층권 지구 공학은 매우 복잡한 시스템에 손을 대는 일이기 때문입니다. 동의하지 않는 사람들이 많다는 점은 저도 잘 알고 있습니다."

몇 분 후, 그는 또 이렇게 말했다. "제가 이 일을 시작했을 때는 이상하게도 그런 걱정을 별로 안 했어요. 지구 공학이 실제로 가동되는 일은 요원해 보였으니까요. 하지만 몇 년이 지난 지금도 우리가 기후 변화에 대해 별다른 행동을 취하고 있지 않은 것을 보면서 종종 정말 이 일이 현실이 될까 봐 불안해집니다. 그리고 그렇게 해야 한다는 압박도 많이 느낍니다."

성층권은 시야가 좋지 않은 2층 발코니석이라고 보면 된다. 아래로는 구름이 휘몰아치고 무역풍이 불며 허리케인이 맹위를 떨치는 대류권이 있고, 위로는 유성이 타들어가는 중간권이 있다. 성층권이 시작되는 높이는 계절과 위치에 따라 다르지만, 아주 대략적으로 말하자면 성층권의 하단은 적도에서 지표면으로부터 약 18km,

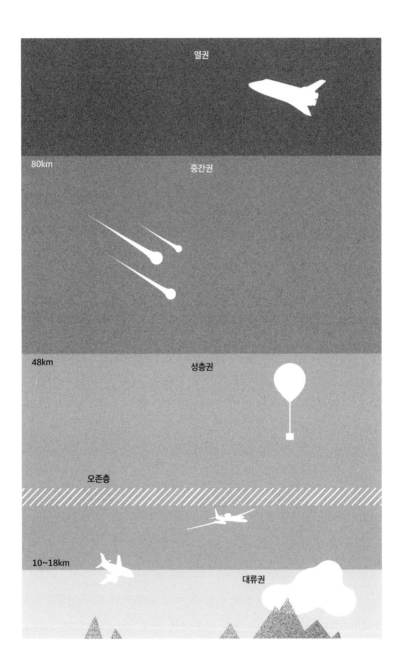

열권

80km 중간권

48km 성층권

오존층

10~18km 대류권

극지방에서는 그보다 훨씬 낮은 약 10km 고도에 위치한다. 지구 공학의 관점에서 볼 때, 성층권의 핵심은 대류권보다 훨씬 안정적이면서도 비교적 접근성이 높다는 데 있다. 여객기는 난기류를 피해 성층권의 하부를 비행할 때가 종종 있고, 정찰기는 지대공 미사일을 피하기 위해 성층권 중간까지도 올라간다. 열대지방 성층권에 주입된 물질은 점차 극지방으로 흘러갈 것이고, 몇 년 후 다시 지구로 떨어질 것이다.

태양 지구 공학의 목표는 지구에 도달하는 에너지의 양을 줄이는 것이므로 적어도 이론상으로, 반사 입자의 종류는 무관하다. 코이치는 이렇게 말했다. "최고의 재료는 아마도 다이아몬드일 겁니다. 다이아몬드는 어떤 에너지도 흡수하지 않아서 성층권의 움직임에 미치는 영향을 최소화할 수 있죠. 또한 다이아몬드 자체가 반응성이 극도로 낮습니다. 비용 문제는 신경 쓰지 않고 있어요. 중대한 문제를 해결하기 위해 대규모로 이 일을 해야 한다면 방법은 찾아질 테니까요." 작은 다이아몬드 입자들을 성층권으로 쏘아 올린다니, 마치 온 세상에 요정 가루를 뿌리는 마법처럼 느껴졌다.

"하지만 생각해야 할 점이 있습니다. 무슨 물질이든 다시 떨어지게 되어 있다는 거예요." 코이치는 설명을 이어갔다. "사람들이 작은 다이아몬드 입자를 들이마시게 된다는 뜻일까요? 극소량이므로 문제가 될 가능성은 희박합니다. 하지만 어쨌든 마음에 차지 않는 방법인 건 사실이지요."

또 다른 대안으로는 인공 화산으로 이산화황을 분사하는 방법이 있다. 그러나 여기에도 단점이 있다. 성층권에 살포된 이산화황은 산성비의 원인이 될 것이다. 더 심각한 문제는 오존층을 파괴할 수 있다는 점이다. 1991년 필리핀 피나투보산 화산 폭발 후 한동안 지구 온도가 약 0.5°C 낮아졌지만,[16] 열대 지방 성층권 하부의 오존은 3분의 1이 줄어들었다.[17]

코이치는 이렇게 덧붙였다. "좋은 표현은 아니지만, 악마의 유혹 같은 겁니다."

모든 후보 물질 중에서 코이치를 가장 흥분시킨 것은 탄산칼슘이었다. 탄산칼슘은 산호초, 현무암의 공극, 해저의 감탕흙 등 도처에 갖가지 형태로 존재한다. 무엇보다 석회암의 주성분인데, 석회암은 세계에서 가장 흔한 퇴적암이다.

코이치는 이렇게 말했다. "우리가 사는 대류권에는 어마어마한 양의 석회암 먼지가 날아다닙니다. 그러니 매력적일 수밖에 없어요. 광학적 특성도 이상적입니다. 산에 용해되기 때문에 황산처럼 오존을 파괴하는 일은 없을 거라고 장담해요."

수학적 모델링으로 이 광물의 장점이 확인되었다. 그러나 누군가 실제로 성층권에 탄산칼슘을 뿌려보기 전에는 그 모델을 전적으로 믿기 어렵다. 코이치도 시인했다. "다른 방법은 없습니다."

❖

지구 온난화에 관한 최초의 정부 보고서—당시에는 아직 '지구 온난화'라는 말이 없었지만—는 1965년 린든 존슨 대통령에게 제출되었다. 이 보고서는 "인류는 자기도 모르게 방대한 지구 물리학 실험을 수행하고 있는 셈"이라고 주장하며,[18] 화석 연료 연소는 분명 "상당한 기온 변화"를 야기할 것이고, 이것이 또 다른 변화들로 이어질 것이라고 예언했다.

"남극의 빙상이 녹으면 해수면이 약 120m 상승할 것"이라는 지적도 있었다. 그 과정에 1000년이 걸린다 하더라도 "10년에 1.2m, 100년에 12m씩 상승"한다는 뜻이다.[19]

1960년대에는 탄소 배출량이 해마다 약 5%씩 빠르게 증가하고 있었다. 그러나 보고서에는 이 증가 추세를 역전시키기는커녕 속도를 늦추자는 언급조차 없었다. 대신 "의도적으로 기후 변화를 상쇄할 가능성을 철저히 탐구"할 것을 권고했다. 그리고 그 가능성 중 하나가 "넓은 해양 지역에 작은 반사 입자를 살포하는 것"이었다.

이 보고서는 "개략적으로 추산하자면 1제곱마일(약 2.6km².-옮긴이)에 살포할 입자를 생산하는 데 약 100달러가 들 것"이며,[20] "따라서 연간 약 5억 달러로 반사율 1%를 변화시킬 수 있다"는 계산도 내놓았다. (현재 물가로 연간 약 40억 달러에 해당한다) 그리고 "기후가 인간과 경제에서 갖는 보기 드문 중요성"을 고려할 때 "이 정도의 비용은 과도하지 않아 보인다"라고 결론지었다.

보고서를 작성한 이들 가운데 생존해 있는 사람이 아무도 없는 까닭에 당시에 위원회가 현실 진단 후 곧장 반사 입자에 수백만 달러를 쏟아붓는 방안으로 비약한 이유는 알 수 없다. 어쩌면 그것이 그 시기의 시대정신이었는지도 모른다. 1960년대는 미국이나 소련 모두 기후 및 기상 통제에 관한 아이디어를 내놓는 것이 대유행이던 시기다. 미국 해군과 기상국이 함께 추진한 스톰 퓨리 프로젝트 Project Stormfury의 표적은 허리케인이었다. 그들은 항공기를 띄워 눈벽(태풍의 눈 주위를 둘러싼 두터운 구름층.-옮긴이) 주변에 요오드화은을 뿌리면 허리케인을 약화시킬 수 있을 것이라고 생각했다.[21] 베트남 전쟁 때 미국 공군이 추진한 기상 조절 계획인 뽀빠이 작전Operation Popeye은 호치민 트레일(베트남전 당시 북베트남의 병력과 군수품 이동 경로.-옮긴이)의 강수량을 늘리기 위한 것이었는데, 이때도 요오드화은으로 구름의 씨앗을 만드는 방법이 이용되었다. 《워싱턴포스트》에 노출되어 작전을 접기 전까지 54기상정찰대는 자그마치 2600회의 살포를 실시했다.[22] (같은 목적으로 화학 물질을 뿌려 토양을 불안정하게 만든 특공대 용암 작전Operation Commando Lava도 있었다.) 미국이 정부 자금으로 번개에 의한 피해를 줄이거나 우박을 억제하기 위해 추진한 기후 조절 계획은 그 외에도 더 있었다.[23]

소련의 접근은 훨씬 기상천외했다. 보기에 따라서는 선견지명이 있었다고 할 수도 있을 것이다. 표트르 보리소프라는 공학자는 《인간이 기후를 바꿀 수 있는가?Can Man Change the Climate?》라는 책에서 베링 해협을 가로지르는 댐을 건설하여 북극의 만년설을 녹이자고 제안했다. 북극해에서 어떻게든 수백 세제곱킬로미터의 차가운 물을 끌어올려 베링해에 쏟아내면 북대서양의 따뜻한 물이 그 자리로 유입될 것이고, 그러면 극지방은 물론 중위도 지역의 겨울도 더 따뜻해지리라는 것이 보리소프의 계산이었다.

Ребята услышали голос диктора: „А вот плотина через Берингов пролив. По ней – видите? – мчатся атомные поезда. Плотина преградила путь холодному течению из Ледовитого океана, и климат Дальнего Востока улучшился.

베링 해협의 댐 건설 예상도.

보리소프는 "인류에게 필요한 것은 냉전cold war이 아니라 추위와의 전쟁war against cold"이라고 선언했다.[24]

또 다른 소련 과학자 미하일 고로드스키는 토성의 고리처럼 지구 주위에 와셔 모양의 칼륨 입자 띠를 만들자고 제안했다.[25] 이 띠를 여름에 햇빛을 반사할 수 있는 위치에 배치하면 최북단 지역의 겨울이 훨씬 따뜻해지고 전 세계의 영구 동토층의 해빙으로 이어질 것이라는 아이디어였다. 피스 퍼블리셔라는 모스크바 출판사는 소련에서 제안된 여러 아이디어의 개괄을 영문으로 번역하여《인간 대 기후Man Versus Climate》라는 제목으로 엮어 출간했는데, 그 책은

다음과 같은 선언으로 끝난다.[26]

> 자연의 변형을 제안하는 프로젝트는 앞으로도 계속 나올 것이다. 인간
> 의 지식이 그렇듯 인간의 상상력에도 한계가 없으므로, 새로운 프로젝
> 트들은 점점 더 웅대하고 흥미진진해질 것이다.

1970년대에는 기후 공학이 인기를 잃었다. 이번에도 그 이유를 정확히 알 수는 없지만, 환경에 대한 대중의 우려[27]와 구름에 씨를 뿌려 인공 강우를 만들려는 시도가 실패했다는 과학자들 사이의 공감대가 영향을 미쳤을 것이다. 한편, 미국과 소련에서 공히, 인류에 의한 대규모의 기후 조절이 이미 자행되고 있음을 경고하는 보고서가 점점 더 많이 나왔다.

1974년, 레닌그라드 지구 물리 관측소의 저명한 과학자 미하일 부디코가 《기후 변화Climatic Changes》라는 책을 출간했다. 그는 CO_2 농도 상승의 위험성을 지적하면서도 그 상승이 불가피하다고 주장했다. CO_2 배출을 억제하는 유일한 방법은 화석 연료 사용을 줄이는 것이지만, 어느 나라도 그렇게 할 것 같지 않았다.

부디코의 결론은 '인공 화산'이라는 개념이었다. 그는 항공기 또는 "로켓이나 모종의 미사일"로 이산화황을 성층권에 주입할 수 있을 것이라고 보았다. 스톰 퓨리나 베링 해협의 댐 건설처럼 자연을 개선하겠다는 의도는 없었다.[28] 그보다는 회복주의 노선에 가까웠다. "모든 것이 지금 그대로이기를 바란다면 모든 것을 바꾸어야 한

다"는 영화 〈레오파드Il Gattopardo〉(루키노 비스콘티 감독의 1963년 작품.-옮긴이)의 격언처럼, 부디코는 이렇게 썼다.

"현재의 기후 조건을 유지하려면 기후 조절이 반드시 필요해지는 날이 곧 다가올 것이다." [29]

❖

하버드 대학교 응용 물리학 교수 데이비드 키스는 "가장 앞서나가는 지구 공학 지지자" [30]로 소개되곤 하지만, 그 자신은 발끈한다. 키스는 2015년 《뉴욕타임스》 에디터에게 보낸 편지에서 "나는 현실의 지지자"라고 썼다. [31] 키스는 2017년 하버드 대학교에 태양 지구 공학 연구 프로그램을 만든 장본인으로 종종 비방이 담긴 메일을 받는다. 경찰에 신고했을 만큼 심각한 살해 협박을 받은 적도 두 번이 있다. 그의 연구실은 링크라고 불리는 건물에, 코이치의 연구실과 같은 복도에 있다.

내가 키스의 연구실을 방문한 것은 코이치를 만난 며칠 후였다. "태양 지구 공학은 추상적으로 공부할 수 있는 영역이 아닙니다. 태양 지구 공학은 그것을 어떻게 활용하는지, 즉 인간의 선택에 달려 있습니다. 따라서 누군가가 태양 지구 공학이 수백만 명을 위험에 빠뜨릴 것이라거나 태양 공학이 지구를 구할 거라고 말한다면, 이렇게 되물어야 합니다. '어떤 태양 지구 공학이요? 어떤 방식을 얘기하는 건가요?'"

키스는 키가 크고 마른 체형에 링컨 같은 턱수염이 있었다. 열렬한 등산가인 그는 자신이 "팅커러tinkerer"[32]이자 "기술 애호가 technophil", "괴짜 환경주의자"라고 했다. 키스는 캐나다에서 자랐고, 약 10년간 캘거리 대학교에서 학생들을 가르쳤다. 그가 캘거리 대학교에 재직하던 시절에 설립한 카본 엔지니어링은 직접 공기 포집 분야에서 클라임웍스와 경쟁 관계에 있는 회사다. (나는 브리티시 컬럼비아에 있는 카본 엔지니어링의 파일럿 공장에 방문한 적이 있는데, 2678m 높이의 휴화산인 가리발디산 풍광이 멋진 곳이었다.) 키스는 하버드가 있는 케임브리지와 로키산맥에 있는 소도시 캔모어를 오가며 지낸다고 했다.

그는 세계가 종국에는 탄소 배출을 0까지는 아니더라도 0에 가깝게 줄일 것이라고 믿는다. 탄소 제거 기술이 발달하여 나머지를 해결해 줄 것이라는 믿음도 있다. 그러나 이것만으로는 충분하지 않을 가능성이 크다. 우리가 그 단계에 이르기 전에 "과열"이 일어나 많은 사람들이 고통받고, 그레이트배리어리프의 소멸처럼 되돌릴 수 없는 변화가 일어날 수 있기 때문이다.

그렇다면 최선의 방법은 할 수 있는 모든 일을 하는 것이다. 즉 키스는 배출량도 줄이고, 탄소 제거 활동도 하고, 지구 공학도 더 진지하게 고려하자며 이 모든 일을 다 하자고 말한다. 그는 컴퓨터 모델링에 근거하여 온난화 경향을 완전히 상쇄하는 것이 아니라 절반쯤 감소시킬 만큼의 에어로졸을 투입하는 것—말하자면, "준공학적semi-engineering" 접근이 가장 안전한 대안이라고 제안한다.

"기온을 산업화 이전 수준으로 회복하려고 하지 않아도 모든 기

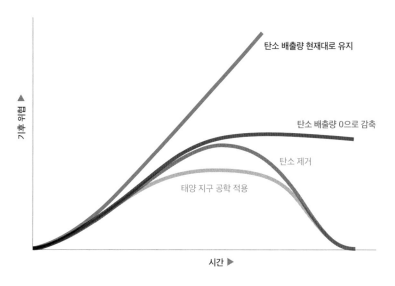

기후 변화가 초래할 수 있는 가장 큰 위험을 막기 위해 태양 지구 공학을 활용할 수 있을 것이다.

후 모델에서 우리가 아는 큰 기후 위협—극한 강수, 극한 기온, 가용 수자원 변화, 해수면 상승—대부분이 감소합니다." 키스는 이렇게 단언했다. "모든 지역이 마찬가지입니다. 명백하게 더 악화되는 지역이 나타나지 않아요. 정말 놀라운 결과입니다."

나는 키스에게 "도덕적 해이"라는 문제에 관해 물었다. 사람들이 지구 공학이 기후 변화로 인한 최악의 결과를 막아줄 것이라고 믿는다면, 배출을 줄이는 데 대한 동기 부여가 약화되지 않겠는가? 그도 이러한 우려에 동의했다. 하지만 그 반대가 될 수도 있다고 했다. "선택의 범위를 넓히면" **더 큰** 행동을 촉발할 수도 있다는 것이었다.

"'우리가 할 수 있는 일은 배출량을 줄이는 것뿐'이라거나 더 심하게는 '재생 에너지가 유일한 대안'이라는 외골수적인 생각에서 벗어나야 실질적으로 문제 해결을 위한 광범위한 정치적 합의를 확보할 수 있다고 생각합니다. 단지 피해를 줄이는 것이 아니라 더 나은 세상을 만드는 프로젝트의 일환으로 생각한다면, 사람들이 더 큰 의지를 가지고 탄소 배출을 감축하는 데 **더 많은** 비용을 지출하려고 할 수도 있습니다."

나는 그가 연구하고 있는 종류의 개입에서 지금까지 인류가 성공을 거둔 적이 별로 없다는 점을 꼬집었다. 독성 양서류 도입을 태양을 차단하는 일에 견주는 것이 말이 안 되기는 하지만, 수수두꺼비를 예로 들었다.

키스는 그런 생각이 바로 편견이라고 지적했다. "테크놀로지로 뭔가를 바로잡는다고 하면 무조건 반대하는 사람들에게 나는 이렇게 말합니다. '그럼, 농업도 반대할 건가요?' 농업이 온갖 예기치 않은 결과를 초래한 것은 분명한 사실이지요. 사람들은 환경 수정의 나쁜 예만 생각합니다. 효과를 거둔 예는 다 잊어버리지요. 타마리스크는 이집트가 원산지인 잡목인데, 미국 남서부 사막 지대 전역에 퍼졌고 파괴력이 대단합니다. 사람들은 수많은 시도 끝에 타마리스크를 먹는 곤충을 도입했고, 꽤 효과적인 것으로 보입니다. 그런 활동 대부분이 효과를 보고 있다고 말하는 것은 아닙니다. 하지만 환경 수정은 드넓은 미지의 영역입니다."

❖

지구 공학은 우편 주문한 키트로 부엌에서 할 수 있는 일이 아니다. 그러나 세상을 바꾸려는 여러 프로젝트가 진행되는 모습을 보면 놀랍도록 쉬운 일처럼 여겨진다. 에어로졸을 뿌리는 가장 좋은 수단은 비행기일 것이다. 그러려면 약 18km 상공에 도달할 수 있어야 하고, 약 20톤을 탑재할 수 있어야 한다. 이 조건을 갖춘 항공기, 이른바 성층권 에어로졸 주입 전용기stratospheric aerosol injection lofter, SAIL 개발을 검토한 연구자들은 약 25억 달러의 비용이 든다는 결론에 도달했다.[33] 많은 비용인 것 같지만, 에어버스가 10여 년 만에 생산을 중단한 '슈퍼 점보' 항공기 A380 개발에 쓴 돈의 10분의 1에 불과하다. SAIL 함대를 배치하려면 200억 달러가 추가로 들고, 10년마다 그만한 비용이 들 것이다. 이 역시 만만히 볼 금액은 아니기는 하지만, 현재 전 세계에서 매년 화석 연료 보조금으로 지출되는 돈은 300배가 넘는다.[34]

이 연구 결과를 낸 예일 대학교의 웨이크 스미스와 뉴욕 대학교의 거노트 와그너는 "이와 같은 프로그램을 실행에 옮길 만한 전문성과 자금이 있는 나라는 많다"고 말한다.[35]

태양 지구 공학은 다른 방법들과 비교할 때 저렴하며 게다가 빠르다. SAIL 함대가 가동에 들어가면 냉각은 곧바로 시작된다. (탐보라 화산이 폭발한 지 1년 반 만에 뉴잉글랜드의 오이들이 얼어 죽은 것을 상기하자.) 코이치가 말한 대로 기후 변화에 대응하여 "빨리 뭔가를" 해야 하는 상황이 온다면, 이것이 유일한 방법이다.

그러나 신속한 염가 솔루션으로 보이는 SAIL이 그렇게 빠르고 저렴할 수 있는 것은 사실 진정한 해법이 아니기 때문이다. 이 기술은 온난화의 증상만 치료할 뿐, 원인을 제거하지 못한다. 이 때문에 지구 공학이 헤로인 중독을 메타돈—메타돈보다 중독성이 강한 암페타민에 비유하는 편이 더 적절할 것 같다—으로 치료하는 것과 같다고 말하는 사람들도 있다. 즉, 한 가지 중독을 치료하려다 두 가지에 중독되는 결과를 낳을 수 있다는 것이다.

성층권에 올려보낸 방해석(탄산칼슘)이나 황산염(혹은 또 다른 후보 물질인 다이아몬드) 입자는 몇 년이 지나면 다시 땅으로 떨어지므로, 계속 보충해주어야 한다. 혹여 수십 년 동안 그 일을 하던 SAIL이 어떠한 이유에서든—전쟁이나 감염병 등으로 무슨 일이 생겨서—멈추게 되면, 마치 지구 크기 오븐의 문을 연 것 같은 결과가 나타날 것이다. 가면을 쓰고 있던 온난화가 갑자기 급속하고 급격한 온도 상승, 이른바 '종료 쇼크termination shock'(《스노 크래시》 저자 닐 스티븐슨은 신작《터미네이션 쇼크Termination Shock》에서도 이 문제를 다루고 있다.-옮긴이)라는 현상으로 자신의 정체를 드러낼 것이다.

한편, 온난화의 속도를 따라잡으려면 SAIL의 탑재 용량은 점점 더 커져야 할 것이다. (부디코처럼 이를 '인공 화산'이라고 보면, 점점 더 큰 화산 폭발이 필요한 셈이다.) 스미스와 와그너가 추산한 비용은 온난화 속도를 절반으로 줄이자는 키스의 제안에 근거한 것이었으며, 그들은 첫해에 약 10만 톤의 황을 살포해야 할 것이라고 추정했다. 10년이 지나면 이 양은 100만 톤 이상으로 상승할 것이다. 그 기간 동안 비행 횟수도 연간 4000회에서 4만 회 이상으로 늘어날 것이다.[36] (난처하게도, 비행 횟수가 늘어나면 CO_2가 더 많이 발생하며, 이는 더 큰 온난화를 야기하고, 그러면 더 많은 비행이 요구된다.)

더 많은 입자가 성층권에 주입될수록 기이한 부작용의 발생 가능성도 높아진다. 태양 지구 공학으로 CO_2 농도 560ppm—21세기 후반이면 거뜬히 이 수준에 이를 것으로 예상된다—를 상쇄하는 방안을 검토한 연구자들은 이것이 하늘의 모습을 바꾸어 놓을 것이라고 지적했다.[37] 바로 흰색이 새로운 하늘색이 될 것이다. 그들은 "청정 지역의 하늘이 도시 지역의 하늘과 비슷해질 것"이라고 말한다. "대규모 화산 폭발 후에 볼 수 있었던 것과 유사한" 장엄한 일몰도 다시 나타날 것이다.

앨런 로벅은 럿거스 대학교 기후학자이며 지구 공학 모델 상호 비교 프로젝트의 공동 책임자다. 로벅은 지구 공학이 초래할 수 있는 위험의 목록을 작성하고 관리한다. 최신 버전에는 20여 개의 항목이 나열되어 있다.[38] 1번은 강우 패턴이 무너져 "아프리카와 아시아의 가뭄"을 야기할 가능성이다. 9번은 "태양광 발전량 감소", 17번은 "하얀 하늘"이다. 24번은 "국가 간 갈등", 28번은 "인간에게 이렇게 할 권리가 있는가?"다.

키스와 코이처는 수년 동안 성층권 통제 섭동 실험stratospheric controlled perturbation experiment, SCoPEx("스코펙스"라고 읽는다)이라는 프로젝트를 공동 진행하고 있다. 이 실험은 미국 남서부처럼 나무가 없는 지역의 고도 20km 상공에서 이루어질 것이다. 그들은 0.5~1kg의 반사 입자와 실험 장비를 곤돌라에 실어 영압력기구zero-pressure balloon로 띄워 올리려고 한다.

내가 케임브리지를 방문했을 때는 곤돌라에서 작업이 진행 중이었고, 키스는 어떤 실험인지 보여주겠다고 했다. 우리는 미로 같은 복도를 따라 한 실험실로 갔다. 거기에는 파이프, 가스통, 나무 박스, 회로 기판 등 홈디포를 연상케 하는 각종 연장들이 빼곡했다. "이것이 비행 프레임입니다." 그가 가리킨 것은 창고 크기만큼 쌓여 있는 금속 빔들이었다. "그리고 저기 있는 것이 비행 프로펠러예요."

키스는 실험이 단계적으로 진행될 것이라고 설명했다. 첫 번째 단계는 무인 기구가 성층권에 떠서 입자들을 뿌리는 것이다. 그러고 나면 기구가 방향을 돌려 입자들을 수직으로 관통하여 돌아오면서 그 입자들이 어떻게 움직이는지 모니터링할 수 있다.

이 실험의 목표는 지구 공학 자체를 시험하는 것이 아니다. 관찰 가능한 기후 변화를 일으키려면 1kg도 못 되는 양의 탄산칼슘이나 이산화황으로는 턱도 없다. 그러나 SCoPEx는 이 아이디어에 대한 최초의 엄격한 필드 테스트가 될 것이며, 바로 이 점 때문에 많은 반대에 부딪히고 있다.

코이치는 이렇게 말했다. "얼마 안 되는 양이지만, 풍선으로 입자들을 성층권에 뿌린다는 것은 매우 상징적인 일입니다. 우리가 이 실험을 하면 안 된다고 생각하는 사람들이 있습니다. 그들은 늘 이 실험이 위험하다고 말해요." 한 대학원생이 SCoPEx 곤돌라의 착륙 장치에 에폭시 처리를 하는 것을 지켜보면서 키스가 말했다. "하지만 실제로 위험한 건 뭔가가 공중에서 분리돼서 누군가의 머리에 떨어지는 거죠."

SCoPEx는 연구비가 2000만 달러에 육박하는 세계 최대의 지구공학 연구 프로젝트다. 하지만 미국과 유럽의 또 다른 연구 그룹들도 "기후 개입"의 여러 형태를 모색하고 있다.

영국 총리 토니 블레어와 고든 브라운의 수석 과학 고문, 영국 정부의 기후 변화 특사를 지낸 데이비드 킹 경은 최근 케임브리지 대학교에 '기후복구센터'라는 새로운 연구의 장을 마련했다.

언젠가 킹과 전화로 대화를 나눌 기회가 있었다. 킹은 이렇게 주장했다. "현재의 기온은 산업화 이전보다 약 $1.1\sim1.2^\circ C$ 높습니다. 그리고 우리가 내린 결론은 이미 너무 높은 온도라는 것입니다. 예를 들어, 북극해의 얼음은 예상했던 것보다 훨씬 빠르게 녹고 있습니다. 우리는 그린란드의 빙상이 예상보다 더 빨리 녹기 시작한 것도 보고 있습니다. 그러면 우리가 할 일은 무엇일까요?"

킹의 설명에 따르면 기후복구센터는 탄소 배출의 대대적인 감축―그는 탄소 배출 감축이 이루어지지 않는다면 우리가 "삶아질 것"이라고 했다―뿐 아니라 탄소 제거 및 극지방 재동결 기술 연구 촉진을 위해 만들어진 연구소다. 그가 언급한 아이디어 중 하나는 구름 표백의 북극 버전으로, 여러 척의 배를 북극해로 보내서 아주 미세한 염수 물방울을 하늘에 분사하는 계획이다. 이론대로라면,

그 소금 결정이 구름의 반사율을 높여 얼음에 비치는 햇빛의 양을 줄일 것이다.

"이 방법으로 겨울 동안 형성된 해수 얼음층이 보존되기를 기대하고 있습니다. 그리고 이 작업을 매년 계속하면 얼음을 한 층, 한 층씩 재건할 수 있을 겁니다."

❖

댄 슈래그는 하버드 대학교 환경센터의 센터장이며 맥아더재단상—일명 '천재 장학금'으로 불린다—수상자이기도 하다. 그는 하버드 대학교의 지구 공학 프로그램 구성을 도왔고, 지금도 자문위원으로 있다.

다음은 슈래그의 논평이다. "지구 전체의 기후를 엔지니어링한다는 구상에 아연실색하는 사람들도 있다. (…) 그러나 그러한 엔지니어링 작업은 지구의 자연 생태계 대부분에게 최선의 생존 기회일수 있다. 다만, 아이러니컬하게도 그런 식으로 생태계를 엔지니어링한다면 그것을 '자연' 생태계라고 부를 수는 없게 될 것이다."[39]

슈래그의 연구실은 키스와 코이치가 있는 건물에서 한 블록 거리에 있다. 그래서 나는 케임브리지를 방문한 김에 슈래그도 만나보기로 했다. 연구실에 도착하니 상냥한 치누크 종인 그의 반려견 미키가 먼저 나를 반겼다.

"작가로서 이런 압박감을 느껴 본 적이 있는지 궁금하군요. 제가 요즘 해피엔딩으로 끝내야 한다는 동료들로부터의 압박을 심하게 느끼고 있거든요. 사람들은 희망을 원합니다. 그리고 저는 속으로 이렇게 대답하지요. '아시다시피, 나는 과학자입니다. 내 일은 사람들에게 좋은 소식만 말해 주는 게 아니에요. 과학자는 가능한 한 정확하게 이 세계를 알려주어야 하는 사람입니다.'"

슈래그는 이렇게 말을 이어갔다. "저는 지질학자로서 시간을 바라봅니다. 기후 시스템의 시간 척도 단위는 수 세기에서 수십만 년에 이릅니다. 만일 우리가 내일 CO_2 배출을 중단—물론 불가능한 일이지만—한다고 해도, 최소한 수 세기 동안은 온난화가 지속될 것입니다. 바다가 평형을 맞출 때까지요. 그것이 물리학의 기본 원리입니다. 기온이 얼마나 더 올라갈지 확실히 말할 수는 없지만, 이제까지 우리가 경험한 온난화의 70%는 너끈히 더 진행될 것 같습니다. 그런 의미에서 보면 우리는 이미 2°C라는 임계점에 도달한 것입니다. 운이 좋아도 4°C에서나 멈출 것입니다. 낙관적인 전망도 아니고 그렇다고 비관적인 예상도 아닙니다. 이것은 객관적인 현실입니다." (지구 온도의 4°C 상승은 재앙의 임계점을 훨씬 넘어선, 상상할 수 없다는 말 이외에 표현할 길이 없는 단계다.)

슈래그는 또 이런 이야기도 했다. "태양 지구 공학 연구가 판도라의 상자를 여는 일이라는 생각은 믿어지지 않을 정도로 순진한 발상이라고 봅니다. 미국이나 중국 군사 당국이 이런 생각을 안 했겠습니까? 비를 내리려고 구름 씨앗을 뿌린 적도 있는 게 바로 그들입니다. 이건 새로운 아이디어도 아니고 비밀도 아니에요. 고민할 문제는 태양 지구 공학을 환영할지 말지, 그걸 해야 할지 말아야 할

지가 아닙니다. 우리가 결정할 수 없는 문제가 되었다는 것을 받아들여야 합니다. 미국이 결정할 수 있는 문제가 아니에요. 만일 내가 세계의 리더이고 고통과 괴로움을 조금이라도 덜어 줄 기술이 있다고 해봅시다. 그러면 당연히 그 기술을 쓰고 싶겠지요? 내일 당장 그렇게 된다는 게 아닙니다. 아마 30년은 걸릴 거예요. 과학자들의 최우선 과제는 그것이 잘못될 수 있는 모든 가능성을 알아내는 것이 되어야 합니다."

우리가 이야기를 나누는 중에 슈래그의 친구가 연구실에 나타났다. 조지 워싱턴 대학교 교수이자 미국 원자력규제위원회의 전 위원장 앨리슨 맥팔레인이었다. 슈래그가 지구 공학에 관해 토론하고 있었다고 하자 그는 엄지를 아래로 내리는 손동작으로 대답을 대신했다.

그는 "의도치 않은 결과가 문제"라고 했다. "당신은 당신이 옳은 일을 하고 있다고 생각하겠지요. 당신이 아는 자연 세계의 이론 안에서는 그 방법이 제대로 작동할 테지만, 실제가 되면 완전히 역효과를 내고 뭔가 다른 일이 발생할 겁니다."

슈래그가 대답했다. "진짜 중요한 현실은 기후 변화가 우리의 당면 과제라는 것입니다. 지구 공학은 가볍게 볼 일이 아닙니다. 우리가 그 방법을 고려하는 건 현실 세계가 우리를 그렇게 하지 않을 수 없게 만들고 있기 때문이에요.

맥팔레인도 굽히지 않았다. "우리가 그렇게 만든 거죠."

3

미해군의 스톰 퓨리 프로젝트가 시작된 바로 그 무렵, 미 육군은 아이스웜 프로젝트Project Iceworm에 착수했다. 일급 기밀이었으므로 당시에는 소수에게만 알려졌다. 아이스웜은 냉전에서 승리하기 위한 작전답게 더없이 냉랭한 계획이었다. 육군은 그린란드 빙상에 총 수백 킬로미터에 달하는 터널을 뚫을 것을 제안했다. 이 터널에 철도를 깔고 그 선로로 소련에게 알려지지 않게 핵미사일을 실어 나를 심산이었다. 한 비밀 보고서는 이렇게 자부했다. "아이스웜은 기동력에 분산, 은폐, 견고함을 결합한다."[1]

1959년 여름, 이 계획에 따라 기지를 건설하기 위해 육군 공병대가 파견되었다. 북위 77도, 배핀만에서 동쪽으로 약 240km 떨어진 곳에 위치한 캠프 센추리는 빙상에—빙상 위든 안이든—세워진 사상 최대 시설이었다. 공병대는 초대형 제설차 같은 장비로 숙소, 식당, 교회, 영화관, 이발소로 연결되는 지하 통로망을 팠다. 심지어 빙하 밑의 약국에서 집에 보낼 기념 향수도 팔았다. 이 지하 도시를 가동하는 동력은 이동형 원자로에서 나왔다.

이 기지는 육군이 홍보하던 아이스웜 프로젝트의 일환이었다. 그들은 극지방 연구를 수행하기 위해 캠프 센추리를 건설했다고 주장했으며, 공병대의 노고를 기록한 홍보 영화도 제작했다. 해안으로부터 건축 자재를 실어 나르는 데에는 특수 트랙터 수송대가 동원되어 시속 3.2km로 얼음을 건너야 했다. 홍보 영화의 내레이터는 "캠프 센추리는 환경을 정복하려는 인간의 지치지 않는 분투를 상징한다"라고 읊조렸다.[2] 기자들이 터널 투어에 참가했고, 보이스카우트 두 명—미국인과 덴마크인 한 명씩—이 명예 대원으로 선발되어 기지에 머물렀다.[3]

그러나 캠프 센추리의 문제는 완공되자마자 시작되었다. 얼음이 물처럼 유동적이었던 것이다. 공병대도 이를 예측하고 설계에 반영했지만 인적 요인, 즉 원자로에서 발생하는 열이 그 현상을 가속화한다는 점은 충분히 고려하지 않았기 때문이었다. 그리고 거의 동시에 터널이 줄어들기 시작했다.[4] 숙소와 영화관, 식당을 무너뜨리지 않으려면 전기톱으로 계속 얼음을 깎아내야 했다. 기지를 방문하여 이 소동을 목격한 후에 '온갖 악귀들이 모인 지옥의 연례 총회' 같다고 묘사한 사람도 있었다.[5] 1964년에는 결국 원자로 때문에 변형이 너무 심해진 공간을 없애야 했다. 그리고 1967년, 기지

전체가 버려졌다.

　캠프 센추리를 인류세의 우화로 보면 그럴듯할 것이다. 인간은 "환경을 정복"하려고 했다. 인간은 자신의 지략과 대담한 실천을 자화자찬했지만, 그 문은 닫히고 말았다. 아무리 제설차로 몰아낸다 한들 자연은 늘 서둘러 돌아올 것이다.

　그러나 내가 하려던 말은 그게 아니다. 적어도 내가 이 이야기를 하는 주된 이유는 아니다.

　캠프 센추리는 포템킨식의 전시용 연구 기지였을지 모르지만, 실제로 연구도 이루어졌다. 터널은 휘어지고 찌그러졌을망정 빙하 연구자들의 시추 드릴은 빙상을 곧게 뚫고 내려갔다. 시추팀은 장비가 암반에 닿을 때까지 가느다란 얼음 시편을 채취했다. 그렇게 수집된 1000개가 넘는 시편들은 그린란드 얼음 코어 전체를 구성했다.[6] 그것이 말해 주는 기후의 역사는 너무나 혼란스러워서, 이제는 과학자들이 이해하려고 애쓰지도 않는 것처럼 보인다.

　나는 그린란드 여행을 계획하던 중에 캠프 센추리에 관해 처음 알게 되었다. 덴마크가 주관하는 노스 그린란드 빙하 코어 프로젝트North Greenland Ice Core Project, North GRIP 시추 현장을 방문하기 위한 여행이었다. 현장은 3.2km의 얼음 위, 캠프 센추리보다 훨씬 더 들어간 곳에 있었다. 거기에 가기 위해 스키가 장착된 C-130 허큘리스—알 만한 사람들은 허크라고 부르는—를 얻어 탔다. 거기에는

캠프 센추리의 입구 중 하나.

1000m가 넘는 시추 케이블이 실려 있었고, 유럽 빙하학 연구팀, 덴마크 연구부 장관도 함께였다. (미국 공병대가 아이스웜 프로젝트를 계획할 때 시원하게 무시한 사실이지만, 그린란드는 덴마크 영토다.) 장관도 별반 다를 바 없이 좁은 허크에 몸을 싣고 군용 귀마개를 착용했다.

도착하니 노스 GRIP 책임자 중 한 명인 J. P. 스테펜센이 우리를 맞이했다. 우리는 두터운 방한화와 묵직한 방한복으로 무장한 반면, 스테펜센은 장갑도 없이 낡은 운동화와 더러운 파카가 전부였는데, 제대로 여미지도 않아 옷자락이 펄럭거렸다. 그의 턱수염에

캠프 센추리의 터널을 유지하려면 전기톱으로 계속 보수해주어야 한다.

는 작은 고드름이 달려 있었다. 우선 그는 탈수의 위험에 관해 짧게
안내했다. "완전히 모순되는 얘기로 들릴 겁니다. 우리가 서 있는
곳이 수심 3000m의 물 위니까요. 하지만 극도로 건조한 곳이기도
합니다. 그래서 우리가 할 일이 하나 있습니다." 그는 기지에 오는
사람들이 거쳐야 할 의식을 설명했다. 그것은 얼음 위에 소변을 보
는 것이었다. 스웨덴제 동결 방지 변기 두 개가 있었지만, 쓰지 않
았다. 스테펜센은 친절하게 빨간색의 작은 깃발이 꽂혀 있는 지점
을 남자들에게 알려주었다.

노스 GRIP은 매우 소박했다. 지오데식 돔(모든 면이 삼각형으로 이루어진 돔 형태.-옮긴이) 하나—미네소타에서 우편 주문으로 구입한 것이라고 했다—와 그 주위를 둘러싼 여섯 개의 체리색 텐트가 전부였다. 돔 앞에는 "가장 가까운 마을, 캉게를루수아크까지 900km"라는 이정표가 있었는데, 여기가 얼마나 외진 곳인지를 알려주는 우스갯소리 같은 것이었다. 합판으로 만든 야자수도 한 그루 세워져 있었다. 이 역시 추운 지방 특유의 장난이다. 어느 방향을 바라보아도 똑같은 풍경이었다. 끝없이 펼쳐진 하얀 평원은 황량했다. 좋게 말하자면 장엄하다고도 할 수 있을 것이다.

돔에서 24m 길이의 터널을 따라 내려가면 시추실이 있다. 캠프 센추리의 통로처럼 얼음을 파내 만든 방으로, 그 안의 기온은 6월에도 영상으로 올라가지 않는다. 이 방도 캠프 센추리처럼 줄어들고 있다. 천장을 보강하려고 소나무 보를 설치한 모양이었지만, 이미 눈의 무게 때문에 내려앉아 있었다. 시추는 매일 아침 8시에 시작되었다. 그날의 첫 번째 작업은 한쪽 끝에 날카로운 톱니가 달린 3.6m짜리 드릴을 시추공 바닥까지 내리는 것이었다. 자리를 잡은 다음에는 톱니가 달린 관이 회전하면서 그 안에 얼음 코어가 서서히 형성된다. 얼음 코어는 강철 케이블로 끌어올린다. 이 과정을 처음 참관할 때 작업을 담당한 사람은 아이슬란드와 독일에서 온 빙하학자들이었다. 드릴을 목표 깊이(2950m)까지 내리는 데는 꼬박 1시간이 걸렸다. 그동안 두 사람은 컴퓨터를 지켜보는 것 외에 별다른 할 일이 없었으므로 작은 발열 패드에 앉아 아바의 노래를

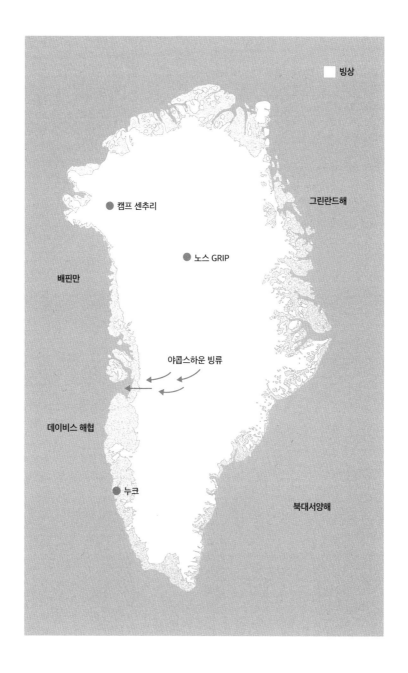

빙상

그린란드해

● 캠프 센추리

● 노스 GRIP

배핀만

야콥스하운 빙류

데이비스 해협

● 누크

북대서양해

들었다. 아이슬란드 사람이 멋쩍었는지, 어색하게 웃으며 나에게 말을 붙였다. "아이슬란드에는 '꽂혔다stuck'에 해당하는 말이 없어요."

모든 빙하가 그렇듯이 그린란드의 빙상도 적층된 눈만으로 만들어진다. 최근에 쌓인 층은 두껍고 공기가 많이 포함된 반면, 오래된 층일수록 얇고 밀도가 높다. 이는 얼음을 뚫고 내려갈수록, 처음에는 서서히, 그 다음에는 훨씬 더 빠르게 시간을 거슬러 올라가게 된다는 뜻이다. 43m 깊이에는 미국 남북 전쟁 시대에 쌓인 눈이 있고, 760m 아래에는 플라톤 시대에 내린 눈이 있으며, 1630m까지 내려가면 선사 시대 화가들이 라스코 동굴에 벽화를 그리던 시대의 눈이 쌓여 있다. 눈은 압축되면 결정 구조가 얼음으로 바뀐다. 그러나 그 외에는 거의 달라지는 것 없이 그 층이 형성된 순간을 고스란히 간직한다. 그린란드의 얼음 속에는 탐보라의 화산재, 로마 시대 제련소에서 나온 납 성분, 빙하기의 바람에 실려 온 몽골의 먼지가 들어 있다. 모든 층에는 작은 기공들이 있으며, 여기에 갇혀 있는 공기는 각 시대의 대기 표본이다. 이를 읽어낼 줄 아는 사람에게는 이 겹겹이 쌓인 층이 하늘의 기록 보관소나 다름없다.

마침내 시추팀이 짧은 코어 단편 하나를 꺼냈다. 길이는 약 60cm, 직경은 10cm 정도 되어 보였다. 그때 누군가 방을 나가 빨간 방한복을 입은 장관을 데리고 왔고, 연구원이 설명을 시작했다. 60cm 길이의 평범한 얼음 기둥으로 보였던 그것이 10만 5000년 전, 마지막 빙하기가 시작될 때쯤 내린 눈으로 만들어진 것이라고 했다. 장관은 감명받은 듯 덴마크어로 탄성을 질렀다.

❖

　얼음 코어에서 많은 정보를 얻을 수 있다는 사실을 깨달은 최초의 인물은 덴마크의 지구 물리학자 윌리 단스고르였다. 강수(降水) 화학 분야의 전문가였던 단스고르는 빗물 표본의 동위 원소를 분석하여 그것이 형성된 때의 기온을 알아낼 수 있었다. 그는 눈에도 같은 방법을 적용할 수 있음을 깨달았다. 단스고르는 1966년 캠프 센추리의 얼음 코어에 대해 듣고 분석 허가를 신청했다. 허가가 났을 때 그는 상당히 놀랐다. 그는 후에 미국인들은 자기들이 갖고 있던 냉장 금고 속에 데이터의 '금광'이 있는 줄 몰랐던 것 같다고 회고했다.[7]

　큰 줄기만 보면 단스고르의 캠프 센추리 코어 분석 결과[8]는 기후 역사에 관해 이미 알려진 사실들을 재확인시켜준 것이었다. 미국에서 위스콘신 빙기라고 부르는 가장 최근의 빙하기는 약 10만 년 전에 시작되었고, 이 기간 동안 빙상이 북반구에 퍼져 스칸디나비아, 캐나다, 미국의 뉴잉글랜드 및 중서부 대부분을 뒤덮었다. 그린란드는 위스콘신 빙기 내내 혹한기였고, 대략 1만 년 전에 이 빙기가 끝나 전 세계가 따뜻해지면서 그린란드의 기온도 올라갔다.

　그러나 세부적으로 들어가면 다른 이야기가 펼쳐졌다. 단스고르의 코어 분석에 따르면 마지막 빙하기 동안의 그린란드 기후는 '기후'라고 말하기 힘들 만큼 변화무쌍했다. 빙상의 평균 기온은 50년 동안 8°C나 급등했고, 그 다음에는 갑자기 뚝 떨어졌다. 이런 일이 한 번도 아니고 여러 번 일어났다. 기온이 8°C나 오락가락하다니!

그건 마치 갑자기 뉴욕 날씨가 휴스턴 날씨로 바뀌거나 휴스턴 날씨가 리야드(사우디아라비아의 수도.-옮긴이) 날씨로 바뀌었다가 다시 거꾸로 바뀌는 것과 같다. 모두가 당황했고, 단스고르도 마찬가지였다. 이렇게 격렬하게 요동치는 데이터가 진실을 말해 주고 있는 것이 맞나? 아니면 일종의 데이터 오류일까?

그 후 40년 동안 다섯 차례에 걸쳐 각각 빙상의 다른 부분에서 코어가 추출되었다. 그런데 격렬한 기온 변화는 매번 나타났다. 한편, 이탈리아의 어느 호수에서 발견된 꽃가루 퇴적물, 아라비아해의 해양 퇴적물, 중국의 동굴 석순 등 과거의 기후를 알려주는 다른 증거들에서도 동일한 패턴이 나타났다. 이러한 급격한 기온 변동은 단스고르와 그의 동료 한스 외슈거의 이름을 따서 단스고르-외슈거 이벤트(D-O 이벤트)라고 불리게 된다. 그린란드의 얼음에는 25회의 D-O 이벤트가 기록되어 있다. 펜실베이니아 주립 대학교의 빙하 학자 리처드 앨리는 이 효과를 "막 전등 켜는 법을 배워서 계속 껐다 켰다 하는 세 살짜리 아이"를 보는 것 같다고 표현했다.[9]

빙하기가 끝날 무렵에 일어난 마지막 변동은 아주 특이했다.[10] 그린란드의 기온이 10년 동안 9°C나 솟구쳤다. 어쩌면 그보다 훨씬 더 짧은 기간에 일어난 일인지도 모른다. 그리고 나서 완전히 새로운 체제가 자리잡았다. 그다음에는 10년이 지나고 100년이 지나도록, 이어진 1만 년 동안 그린란드(그리고 전 세계)의 기온이 거의 일정하게 유지되었다.

모든 문명이 비교적 평온한 이 시기에 발생했고 따라서 우리는

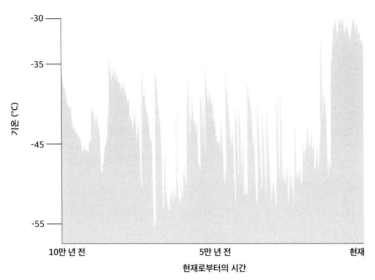

그린란드 중부의 기온은 마지막 빙하기 동안 크게 요동쳤다.

이러한 고요한 상태를 당연하게 여긴다. 착각할 만하다는 것이 납득은 가지만 그래도 착각은 착각이다. 지난 11만 년 동안 지금처럼 안정적인 기온을 나타낸 시기는 지금이 유일하다.

노스 GRIP에 머물던 어느 날 밤, 지오데식 돔 안에서 스테펜센을 인터뷰했다. 한밤중이었지만 백야였으므로 돔 바깥에서는 태양이 빛났다. 빙하학자들은 영화 〈부에나 비스타 소셜 클럽〉 사운드트랙을 들으며 맥주를 마시거나 보드게임을 하고 있었다.

나는 기후 변화 문제를 화두에 올렸다. 어쩌면 기후 변화 덕분에 또 다른 빙하기와 D-O 이벤트를 피할 수 있지 않겠느냐는 질문이었다. 적어도 한 가지 재앙은 피할 수 있는 것 아니겠는가?

내 생각은 스테펜센의 호응을 얻지 못했다. 그는 기후가 본질적으로 불안정한 것이라고 본다면 그것에 섣불리 손을 대서는 안 될 것이라고 했다. 그는 덴마크 속담 하나를 읊었다. "바지에 오줌을 싸면 한동안 따뜻할 뿐이다"라는 뜻이라고 했다. 스테펜센의 의도는 분명히 알지 못했지만, 그 말은 뇌리에서 떠나지 않았다.

대화의 주제는 기후의 역사와 인류의 역사로 옮겨 갔다. 스테펜센의 관점에서는 이 두 가지가 거의 동일했다. "얼음 코어는 우리의 세계관, 과거의 기후와 인간 진화를 보는 관점을 완전히 바꾸어 놓았습니다." 그리고 나에게 이렇게 물었다. "인류는 왜 5만 년 전에 문명을 만들지 않았을까요?"

그가 설명을 이어갔다. "아시다시피, 5만 년 전의 인간도 우리와 같은 크기의 뇌를 갖고 있었는데 말입니다. 기후라는 틀에서 생각해보면 답은 그때가 빙하기였다는 데 있습니다. 그리고 이 빙하기의 기후가 매우 불안정해서 어떤 집단의 문화가 생긴다 해도 곧 이동할 수밖에 없었죠. 그다음에 온 것이 현재의 간빙기, 즉 기후적으로 매우 안정된 10만 년입니다. 농업을 위한 최적의 조건이지요. 그래서 놀라운 일이 벌어집니다. 약 6000년 전, 페르시아, 중국, 인도에서 동시에 문명이 발생한 것입니다. 그들 모두 문자를 만들고 종교를 발전시켰으며, 도시를 건설했습니다. 이 모든 일이 동시에 일어날 수 있었던 건 기후가 안정적이었기 때문입니다. 5만 년 전에도 기후가 안정적이었다면 그때 문명이 시작되었으리라는 것이 제 생각입니다. 그러나 그들에게는 기회가 없었지요."

✦

　스테펜센과 그의 동료들이 새로운 얼음 코어를 시추한다고 해서 그린란드를 또 한 번 방문하려고 했는데, 코로나19가 닥쳤다. 모든 계획이 갑자기 틀어졌고, 나의 방문 계획도 마찬가지였다. 국경이 닫히고 항공편이 취소됨에 따라 빙상으로의 여행이—사실상 그 어느 곳으로의 여행도—불가능해졌다. 나는 통제 불능의 세계에 관한 책을 완성하려고 했지만, 너무 통제 불능인 나머지 그 책을 완성할 수도 없게 된 것이다.

　과학자들은 여전히 캠프 센추리의 얼음 코어에서 처음 엿본 기온 급변의 수수께끼를 풀기 위해 노력하고 있다. 한 가지 가설은 북극의 해빙 손실과 관련이 있다는 것이다. 만일 이 가설이 사실이라면 걱정할 만한 일이다. 지구 온난화가 북극 해빙 손실을 야기하고 있기 때문이다. 인간에 의한 D-O 이벤트 발생 가능성을 차치하더라도, 10만 년 동안의 고요는 분명 끝나가고 있다. 의도한 것도 아니고 인식조차 못 했지만, 인류는 운 좋게 얻은 안정성을 바탕으로 그린란드만큼 거대한 불안정성을 발생시키고 있다.

　1990년 이래로 빙상 온도는 3°C 가까이 상승했다.[11] 1990년에 연간 300억 톤이었던 그린란드의 빙하 손실량은 이 기간 동안 일곱 배가 늘어 현재 연간 2500억 톤이 넘는다.[12] 빙하 융해는 점점 더 넓은 지역, 점점 더 높은 고도에서 일어나고 있다. 2019년 여름에는 이상 고온 현상이 나타난 며칠 동안 빙상 표면의 95% 이상에서 융해가 감지되었다.[13] 사상 최고 기온을 기록한 그해 여름 그린란드가 흘려보낸 얼음은 6000억 톤에 달하며,[14] 여기서 나온 물은 캘리포니아 넓이의 수심 1.2m짜리 수영장을 채울 수 있는 양이다.

덴마크와 노르웨이 과학자들로 이루어진 한 연구팀의 최근 발표에 따르면 "현재 북극이 경험하고 있는 온도 상승 속도는 그린란드 얼음 코어에 기록된 D-O 이벤트에 비견될 만한 급격한 변화다."[15] 융해 과정은 자기 강화적self-reinforcing—얼음은 밝은 색이어서 햇빛를 반사하는 반면 물은 어두워서 햇빛을 흡수한다—이므로 그린란드가 빙상 전체의 붕괴를 야기할 수밖에 없는 상태에 가까워지고 있다는 우려가 광범위하게 제기되고 있다. 그렇게 되기까지는 수백, 수천 년이 걸릴 수도 있지만, 그린란드의 얼음은 지구 전체의 해수면을 6m 상승시킬 수 있는 양이다.

기온처럼 해수면도 과거에 극적인 변화를 겪었다. 위스콘신 빙기 말, 거대한 빙상이 붕괴되면서 10년간 30cm에 달하는 급격한 해수면 상승이 일어난 시기가 있었다. (어떤 사람들은 이러한 '해빙수 펄스meltwater pulse' 중 하나가 창세기에서 대홍수로 묘사되었다고 말하기도 한다.) 우리 조상들은 분명 이 혼란을 극복했다. 그러지 못했다면 우리가 지금 존재할 수 없을 테니까. 그러나 그들은 우리와 달리 몸이 가벼웠다. 보스턴이나 뭄바이, 선전 같은 도시를 어떻게, 어디로 옮길 수 있겠는가? 사적 소유, 국경, 지하철, 송전 케이블, 하수관 등 인류사에서 비교적 최근에 개발된 이 모두는 간단히 들어 올려 옮길 수 없는 것들이다. 이 때문에 뉴올리언스 같은 대부분의 해안 도시들은 현상 유지, 그리고 그 유지에 필요한 고비용의 정교한 개입에 점점 더 몰두하고 있다. 한편 미 육군 공병대는 해수면 상승과 그로 인한 치명적인 폭풍 해일에 맞서 뉴욕항에 일련의 인공섬을 건설하고, 섬들을 총 길이가 9.7km에 달하는 거대한 개폐식 게이트로 연결할 것을 제안했다. 1000억 달러 이상이 소요될 것으로 추정되는 프로젝트다.[16]

남극 빙붕을 떠받치는 구조물을 설치하거나 그린란드 최대의 분출 빙하outlet glacier 중 하나인 야콥스하운 빙류ice stream 입구를 막으면 해수면 상승을 늦출 수 있다는 제안도 나왔다. 〈네이처〉에 이 제안을 기고한 미국과 핀란드의 과학자들은 이렇게 말한다. "빙하에 인위적으로 개입하는 것을 주저하는 입장도 이해한다. 우리도 빙하학자로서 이곳의 청정한 아름다움을 잘 안다. (…) 그러나 세계가 아무것도 하지 않는다면 빙상은 줄어들 것이고 그 손실 속도는 점점 빨라질 것이다. 온실 기체 배출이 대폭 감소한다고 해도—그럴 것 같지도 않지만—기후가 안정화되려면 수십 년이 걸릴 것이다."[17]

우리는 이제껏 빙류의 속도를 높여 놓고, 높이 100m, 길이 5km의 콘크리트 제방을 세워 다시 속도를 늦추려고 하고 있다.

❖

이 책은 문제를 해결하려다가 일어난 또 다른 문제를 풀어보려고 노력하는 사람들을 다루었다. 나는 이 책을 쓰면서 엔지니어와 유전 공학자, 생물학자와 미생물학자, 대기 과학자와 대기 기업가를 인터뷰했다. 그들은 예외 없이 자기 일에 열정적이었지만, 그 열정은 또한 예외 없이 의심으로 상쇄되었다. 전기 물고기 장벽, 콘크리트 크레바스, 가짜 동굴, 합성 구름에 들어 있는 정신은 기술 낙관론techno-optimism이라기보다는 기술 숙명론techno-fatalism에 가까웠다. 그 방법들은 원본의 개선이 아니라 주어진 상황에서 생각해낼 수 있는 최선이었다. 영화 〈블레이드 러너〉에서 한 레플리컨트가 해리슨 포드—그는 레플리컨트일 수도 있고 아닐 수도 있다—에게 말했듯이 "진짜 뱀을 살 돈이 있다면 이런 데서 일하겠는가?"

조력 진화, 유전자 드라이브, 수백만 개의 구덩이를 파서 수십억 그루의 나무를 파묻는 일은 이러한 맥락 속에서 평가되어야 한다. 지구 공학은 "완전히 미친, 당황스러운 아이디어"로 보일지도 모른다. 그러나 그것이 그린란드 빙상 융해를 늦추거나 "고통과 괴로움을 조금이라도 덜어줄" 방법이라면, 혹은 지구 공학으로 어차피 온전한 상태가 아니게 된 자연 생태계를 붕괴로부터 지켜 줄 수 있다면, 고려해보아야 하지 않을까?

태양 복사 관리 거버넌스 이니셔티브SRMGI의 프로젝트 책임자 앤디 파커는 지구 공학을 둘러싼 '전 지구적 대화' 확대를 위해 노력하고 있다. 그는 지구 공학을 화학 요법에 비유하곤 한다. 더 나은 대안이 있다면 올바른 생각을 가진 사람은 화학 요법을 쓰지 않을 것이다. 그러나 "우리는 빌어먹을 태양을 의도적으로 어둡게 만드는 것이 그렇게 하지 않는 것보다 덜 위험한 세상에 살고 있다."[18]

그러나 "빌어먹을 태양을 어둡게 만드는 것"이 그렇게 하지 않는 것보다 덜 위험하려면, 테크놀로지가 계획대로만 작동하고, 계획대로만 배치된다는 전제가 필요하다. 전제가 너무 많은 것이다. 코이치, 키스, 슈래그가 한결같이 지적했듯이 과학자들은 권고를 할 수 있을 뿐이며 실행은 정치적 결정의 문제다. 우리는 그 결정이 현재를 살아가는 사람들과 미래 세대, 인간과 비인간 모두에게 공평하기를 바란다. 그러나 그랬던 전적이 별로 없다는 것만은 짚고 넘어가야겠다(기후 변화가 그 대표적인 예다).

전 세계—혹은 적극적인 소수의 국가—가 SAIL 함대를 띄운다고 가정해 보자. 그런데 만약에 SAIL이 점점 더 많은 입자를 하늘에 뿌리지만 전 세계의 탄소 배출도 계속 늘어난다고 하자. 우리는 산업화 이전의 기후로 돌아갈 수도 없고, 악어가 북극해 해안에서 볕을 쪼이던 플라이오세나 에오세로 돌아가지도 않을 것이다. 우리는 하얀 하늘 아래 백련어가 반짝이는, 전례 없는 기후의 전례 없는 세계에 살게 될 것이다.

감사의

글

UNDER   A WHITE SKY

많은 도움이 없었다면 이 책을 쓸 수 없었을 것이다. 많은 이들이 자신의 전문 지식과 경험, 시간을 나에게 나누어준 데 대해 깊은 감사를 전한다.

마거릿 프리스비, 마이크 앨버, 시카고강의 친구들은 아시아 잉어가 어떻게 미국으로 오게 되었고 어디로 가고 있는지 이해하는 데 도움을 주었으며, 시티리빙호의 멋진 모험에 나를 데려가 주었다. 척 셰이, 케빈 아이언스, 필리프 파롤라, 클린트 카터, 두에인 채프먼, 로빈 캘피, 어니타 켈리, 드루 미첼, 마이크 프리즈에게도 감사드린다. 귀찮아하지 않고 나의 끝없는 질문을 참아 준 트레이시 사이드만과 일리노이주 자연자원부의 생물학자들, 계약 어부들에게도 감사를 전한다.

경비행기 조종사 오언 보딜론은 친절하고 능숙하게 나를 플라커민즈 패리시로 데려다주었으며, 데이비드 머스와 자크 에베르가 그 여정을 계획해 주었다. 클린트 윌슨, 루디 사이머노, 브래드 바스, 알렉스 콜커, 보요 빌리엇, 샨텔 코마르델, 제프 허버트, 조 하비, 척 페로딘은 모두 미시시피강 연안 지역의 복잡한 삶에 대한 훌륭한 안내자였다.

미국의 사막 어류를 지키기 위해 애쓰는 사람들은 모두 특별한 감사를 받아 마땅하다. 케빈 윌슨, 제니 검, 올린 포이어바허, 앙브르 쇼두앙, 제프 골드스타인, 브랜던 셍어 덕분에 데블스홀펍피시 개체 수 조사에 동행할 수 있었다. 케빈 과달루페는 나에게 네바다의 풀피시를 보여주었는데, 그가 없었다면 풀피시는 존재하지도 않았을 것이다. 수전 소렐스는 쇼쇼니펍피시를 살리기 위해 무던히 애써 왔다. 데블스 홀의 역사에 관한 기록을 나에게 공유해 준 케빈 브라운에게도 감사를 표한다.

루스 게이츠는 내가 이 책을 쓰는 중에 세상을 떠났다. 나는 모쿠올로에에서 그와 함께 시간을 보낼 수 있었다는 데 대해, 또한 내가 이 책을 구상하기 시작할 때 그에게서 받은 도움에 대해 매우 감사하게 생각한다. 마들렌 반 오펜을 비롯하여 케이트 쿼글리, 데이비드 와켄펠드, 애니 램, 패트릭 뷔르거, 윙 챈 등 호주에서 만난 모든 열정적인 해양 과학자들에게도 큰 고마움을 표하고 싶다. 폴 하디스티와 마리 로먼에게도 감사하다.

절롱에서 만난 마크 티자드와 케이틀린 쿠퍼는 나에게 믿을 수 없을 만큼 관용을 베풀어주었다. 애들레이드의 폴 토머스도 마찬가지였다. 이 세 사람은 유전 공학이라는 복잡한 주제와 그들이 하는 연구에 관해 참을성 있게 설명해주었다. 린 슈워츠코프는 친절하게도 나를 두꺼비 사냥에 데려가 주었다. GBIRd의 로이든 사, 윌리엄스 대학교의 루아나 마로자에게도 감사하다. 루아나는 나에게 유전자 드라이브의 세부적인 사항들을 친절히 알려 주었다.

코로나19로 인한 제약에도 불구하고 에다 아라도티르와 함께 헬리셰이디 발전소를 방문할 수 있었던 것은 큰 행운이었다. 그와 올로프 발두르스도티르가 있기에 가능한 일이었다. 애리조나 주립 대학교에서 만난 클라우스 라크너는 훌륭한 호스트였다. 취리히를 방문했을 때는 얀 부르츠바허, 루이제 샤를, 파울 루제르는 기꺼이 자신의 시간을 내주었다. 올리버 게덴, 제케 하우스파테르, 마그누스 베른하르트손에게도 감사를 전한다.

프랭크 코이치, 데이비드 키스, 댄 슈래그를 인터뷰하러 하버드에 간 것이 코로나19로 학교 전체가 폐쇄되기 불과 며칠 전이었다. 귀한 시간을 내어 기술적으로나 윤리적으로나 복잡한 주제인 태양 지구 공학에 관해 안내해 준 그들에게 감사드린다. 우연히 이 책으로 걸어들어왔다고 할 수 있을 앨리슨 맥팔레인을 비롯하여, 리지 번스, 전 다이, 데이비드 킹 경, 앤디 파커, 거노트 와그너, 야노스 파스토르, 신시아 샤프에게도 고마움을 전한다.

어떻게 보면, 노스 GRIP 방문이 이 책의 뿌리라고 할 수 있다. J. P. 스테펜센, 도르테 달-옌센, 리처드 앨리 등 그린란드 빙상의 과거와 미래를 이해하기 위해 일하고 있는 여러 용감한 빙하학자들에게 감사드린다. 또한 내가 가장 좋아하는 기후학자이자 이 책의 주요 장들을 읽고 논평해 준 네드 클라이너, 마지막 순간에 결정적인 조언을 해 준 에런 클라이너와 매슈 클라이너에게도 고마움을 표한다.

앨프리드 P. 슬론 재단의 아낌없는 지원에 감사한다. 이 책을 위한 조사와 여행이 재단 보조금으로 이루어졌으며, 슬론 재단의 지원이 없었다면 갈 수 없었던 곳도 취재할 수 있었다. 2019년에는 한 달 동안 록펠러 재단의 벨라지오센터에 머무르며 이 책을 집필할 기회가 있었는데, 멋진 환경이었고 함께 머문 사람들로부터 많은 영감도 받았다. 이 책의 일부는 윌리엄스 대학교 환경연구센터 초빙 연구원으로 있을 때 썼다. 환경연구센터의 교수와 학생들에게 감사를 보낸다. 월튼 포드에게도 특별한 감사를 전한다. 그의 큰바다쇠오리 그림은 내가 힘든 시간을 헤쳐나올 수 있는 영감의 원천이었다.

내 원고가 책으로 만들어질 수 있었던 것은 많은 사람들이 시간을 다투며 일한 노고 덕분이다. 캐럴라인 레이, 사이먼 설리번, 에번 캠필드, 캐시 로드, 재니스 애커먼, 얼리샤 챙, 세라 겜하트, 이언 켈리허, MGMT 디자인팀에게 진심으로 감사드린다. 이 책에 나오는 데이터 검증에 대해서는 줄리 테이트, 그리고 〈뉴요커〉의 팩트체크 담당자들에게 빚을 졌다. 남아 있는 오류가 있다면 전적으로 내 책임이다.

이 책의 일부는 〈뉴요커〉에 먼저 실렸다. 수년 동안 조언과 지지를 보내준 〈뉴요커〉의 데이비드 램닉, 도러시 위켄든, 존 베넷, 헨리 파인더에게 깊이 감사드린다.

이 책 작업 중에 일어난 여러 복잡한 문제들에도 불구하고, 질리언 블레이크는 이 책에 대한 믿음을 결코 버리지 않았다. 그의 격려와 편집자로서의 조언, 올바른 판단에 대한 감사함은 말로 다 표현하기 힘들다. 캐시 로빈스는 늘 그랬듯이 훌륭한 친구였을 뿐 아니라, 더할 나위 없는 안목을 지닌 독자이자 믿음직한 지지자였다.

끝으로, 나의 남편 존 클라이너에게 감사한다. 다윈의 말을 빌리자면, 이 책의 절반은 그의 머리에서 나왔다고 해도 과언이 아니므로, "지나치게 길지 않은 말로" 충분히 그의 공을 전달할 방법을 모르겠다. 그의 통찰력과 열정이 없었다면, 또한 그가 거듭된 수정본 원고를 기꺼이 읽어주지 않았다면, 이 책은 단 한 페이지도 완성되지 못했을 것이다.

강을 따라 내려가다

1

1. Mark Twain, *Life on the Mississippi*, reprint ed. (New York: Penguin Putnam, 2001), 54.

2. Joseph Conrad, *Heart of Darkness and The Secret Sharer*, reprint ed. (New York: Signet Classics, 1950), 102. (조셉 콘래드, 《어둠의 심연》)

3. *The New York Times* (Jan. 14, 1900), 14.

4. Libby Hill, *The Chicago River: A Natural and Unnatural History* (Chicago: Lake Claremont Press, 2000), 127.

5. 위의 책, 133에서 인용.

6. Roger LeB. Hooke and José F. Martín-Duque, "Land Transformation by Humans: A Review," *GSA Today*, 22 (2012), 4-10.

7. Katy Bergen, "Oklahoma Earthquake Felt in Kansas City, and as Far as Des Moines and Dallas," *The Kansas City Star* (Sept. 3, 2016), kansascity.com/news/local/article99785512.html/.

8. Yinon M. Bar-On, Rob Phillips, and Ron Milo, "The Biomass Distribution on Earth," *Proceedings of the National Academy of Sciences*, 115 (2018), 6506-6511.

9.   "Historical Vignette 113—Hide the Development of the Atomic Bomb," U.S. Army Corps of Engineers Headquarters, usace.army.mil/About/History/Historical-Vignettes/Military-Construction-Combat/113-Atomic-Bomb/.

10.   P. Moy, C. B. Shea, J. M. Dettmers, and I. Polls, "Chicago Sanitary and Ship Canal Aquatic Nuisance Species Dispersal Barriers," 보고서는 다음 경로에서 내려받을 수 있다. glpf.org/funded-projects/aquatic-nuisance-species-dispersal-barrier-for-the-chicago-sanitary-and-ship-canal/.

11.   Thomas Just, "The Political and Economic Implications of the Asian Carp Invasion," *Pepperdine Policy Review*, 4 (2011), digitalcommons.pepperdine.edu/ppr/vol4/iss1/3/에서 인용

12.   Patrick M. Kocovský, Duane C. Chapman, and Song Qian, "'Asian Carp' Is Societally and Scientifically Problematic. Let's Replace It," *Fisheries*, 43 (2018), 311-316.

13.   *China Fisheries Yearbook 2016*, Louis Harkell, "China Claims 69m Tons of Fish Produced in 2016," *Undercurrent News* (Jan. 19, 2017), undercurrentnews.com/2017/01/19/ministry-of-agriculture-china-produced-69m-tons-of-fish-in-2016/에서 인용.

14.   William Souder, *On a Farther Shore: The Life and Legacy of Rachel Carson* (New York: Crown, 2012), 280. (윌리엄 사우더, 《레이첼 카슨》)

15.   Rachel Carson, *Silent Spring*, 40th anniversary ed. (New York: Mariner, 2002), 297. (레이첼 카슨, 《침묵의 봄》)

16.   Andrew Mitchell and Anita M. Kelly, "The Public Sector Role in the Establishment of Grass Carp in the United States," *Fisheries*, 31 (2006), 113-121.

17.   Anita M. Kelly, Carole R. Engle, Michael L. Armstrong, Mike Freeze, and Andrew J. Mitchell, "History of Introductions and Governmental Involvement in Promoting the Use of Grass, Silver, and Bighead Carps," in *Invasive Asian Carps in North America*, Duane C. Chapman

and Michael H. Hoff, eds. (Bethesda, Md.: American Fisheries Society, 2011), 163-174.

18. Henry David Thoreau, *A Week on the Concord and Merrimack Rivers*, reprint ed. (New York: Penguin, 1998), 31. (헨리 데이비드 소로우, 《소로우의 강》)

19. Duane C. Chapman, "Facts About Invasive Bighead and Silver Carps," publication of the United States Geological Survey, 자세한 내용은 다음을 참고하라. pubs.usgs.gov/fs/2010/3033/pdf/FS2010-3033.pdf/.

20. Dan Egan, *The Death and Life of the Great Lakes* (New York: Norton, 2017), 156.

21. Dan Chapman, *A War in the Water*, U.S. Fish and Wildlife Service, southeast region (March 19, 2018), fws.gov/southeast/articles/a-war-in-the-water/.

22. Egan, *The Death and Life of the Great Lakes*, 177.

23. Tom Henry, "Congressmen Urge Aggressive Action to Block Asian Carp," *The Blade* (Dec. 21, 2009), toledoblade.com/local/2009/12/21/Congressmen-urge-aggressive-action-to-block-Asian-carp/stories/200912210014/에서 인용.

24. "Lawsuit Against the U.S. Army Corps of Engineers and the Chicago Water District," Department of the Michigan Attorney General, michigan.gov/ag/0,4534,7-359-82915_82919_82129_82135-447414--,00.html/.

25. 오대호와 미시시피강 일대에 대한 자세한 연구 자료는 다음을 참고하라. glmris.anl.gov/glmris-report/.

26. NOAA에서 제공하는 오대호의 187개 침입종 목록은 다음을 참고하라. glerl.noaa.gov/glansis/GLANSISposter.pdf/.

27. Phil Luciano, "Asian Carp More Than a Slap in the Face," *Peoria Journal Star* (Oct. 21, 2003), pjstar.com/article/20031021/NEWS/310219999/.

28. Doug Fangyu, "Asian Carp: Americans' Poison, Chinese People's

Delicacy," *China Daily USA* (Oct. 13, 2014), usa.chinadaily.com.cn/
epaper/2014-10/13/content_18730596.htm/.

2

1.   Amy Wold, "Washed Away: Locations in Plaquemines Parish
Disappear from Latest NOAA Charts," *The Advocate* (Apr. 29, 2013),
theadvocate.com/baton_rouge/news/article_f60d4d55-e26b-52c0-
b9bb-bed2ae0b348c.html/.

2.   John McPhee, *The Control of Nature* (New York: Noonday, 1990), 26에
서 인용.

3.   Liviu Giosan and Angelina M. Freeman, "How Deltas Work: A
Brief Look at the Mississippi River Delta in a Global Context," in
Perspectives on the Restoration of the Mississippi Delta, John W.
Day, G. Paul Kemp, Angelina M. Freeman, and David P. Muth, eds.
(Dordrecht, Netherlands: Springer, 2014), 30.

4.   Christopher Morris, *The Big Muddy: An Environmental History of
the Mississippi and Its Peoples from Hernando de Soto to Hurricane
Katrina* (Oxford: Oxford University Press, 2012), 42.

5.   위의 책, 45에서 인용.

6.   위의 책, 45에서 인용.

7.   Lawrence N. Powell, *The Accidental City: Improvising New Orleans*
(Cambridge, Mass.: Harvard University Press, 2012), 49에서 인용.

8.   Morris, *The Big Muddy*, 61.

9.   John M. Barry, *Rising Tide: The Great Mississippi Flood of 1927 and
How It Changed America* (New York: Touchstone, 1997), 40.

10.   Donald W. Davis, "Historical Perspective on Crevasses, Levees, and
the Mississippi River," in *Transforming New Orleans and Its Environs*,
Craig E. Colten, ed. (Pittsburgh: University of Pittsburgh, 2000), 87.

11. Richard Campanella, "Long before Hurricane Katrina, There Was Sauve's Crevasse, One of the Worst Floods in New Orleans History," *nola.com* (June 11, 2014), nola.com/entertainment_life/home_garden/article_ea927b6b-d1ab-5462-9756-ccb1acdf092e.html/에서 인용.

12. 1773~1927년의 크레바스에 관한 전체 설명은 다음 글을 참고하라. Davis, "Historical Perspectives on Crevasses, Levees, and the Mississippi River," 95.

13. 위의 글.

14. 1927년의 대홍수로 야기된 피해액 추정치는 매우 다양하여, 10억 달러(현재의 150억 달러)에 달한다고 말하는 사람들도 있다.

15. Christine A. Klein and Sandra B. Zellmer, *Mississippi River Tragedies: A Century of Unnatural Disaster* (New York: New York University, 2014), 76에서 인용.

16. D. O. Elliott, *The Improvement of the Lower Mississippi River for Flood Control and Navigation: Vol. 2* (St. Louis: Mississippi River Commission, 1932), 172.

17. 위의 책, 326.

18. Michael C. Robinson, *The Mississippi River Commission: An American Epic* (Vicksburg, Miss.: Mississippi River Commission, 1989)에서 발췌.

19. Davis, "Historical Perspectives on Crevasses, Levees, and the Mississippi River," 85.

20. John Snell, "State Takes Soil Samples at Site of Largest Coastal Restoration Project, Despite Plaquemines Parish Opposition," *Fox8live* (last updated Aug. 23, 2018), fox8live.com/story/38615453/state-takes-soil-samples-at-site-of-largest-coastal-restoration-project-despite-plaquemines-parish-opposition/.

21. Cathleen E. Jones et al., "Anthropogenic and Geologic Influences on Subsidence in the Vicinity of New Orleans, Louisiana," *Journal of Geophysical Research: Solid Earth*, 121 (2016), 3867-3887.

22. Thomas Ewing Dabney, "New Orleans Builds Own Underground

River," *New Orleans Item* (May 2, 1920), 1.

23. Jack Shafer, "Don't Refloat: The Case against Rebuilding the Sunken City of New Orleans," *Slate* (Sept. 7, 2005), slate.com/news-and-politics/2005/09/the-case-against-rebuilding-the-sunken-city-of-new-orleans.html/

24. Klaus Jacob, "Time for a Tough Question: Why Rebuild?" *The Washington Post* (Sept. 6, 2005).

25. 레이 내긴 시장이 지명한 뉴올리언스 복구 위원회(Bring New Orleans Back Commission)를 말한다. 위원회 보고서의 자세한 내용은 다음을 참고하라. columbia.edu/itc/journalism/cases/katrina/city_of_new_orleans_bnobc.html/

26. Mark Schleifstein, "Price of Now-Completed Pump Stations at New Orleans Outfall Canals Rises by \$33.2 Million," *New Orleans Times-Picayune* (last updated July 12, 2019), nola.com/news/environment/article_7734dae6-c1c9-559b-8b94-7a9cef8bb6d8.html/

27. Klein and Zellmer, *Mississippi River Tragedies*, 144.

28. 폭풍 해일에 대한 습지의 완충 역할이 어느 정도인지에 대해서는 많은 논란이 있다. 추정치는 Klein and Zellmer, *Mississippi River Tragedies*, 141에서 인용.

29. 아일 드 장 샤를 빌록시-치티마차-촉토 부족 공동체의 역사와 이주 계획에 관한 최신 정보는 다음을 참고하라. isledejeancharles.com/.

30. 모간자 방수로 프로젝트 비용은 아직까지도 유동적이며 이 금액은 1990년대 후반, 공병대가 아일 드 장 샤를 섬을 제방에 포함하지 않기도 했을 때 산출된 것이다.

31. McPhee, *The Control of Nature*, 50.

32. "The word will now come to mind": McPhee, *The Control of Nature*, 69.

야생으로 들어가다

1

1. 맨리가 살던 시대에는 이 산에 공식적인 명칭이 없었으며, 이는 Richard E. Lingenfelter, *Death Valley & the Amargosa: A Land of Illusion* (Berkeley: University of California, 1986), 42에서 추정한 위치다.

2. William L. Manly, *Death Valley in '49: The Autobiography of a Pioneer*, reprint ed. (Santa Barbara, Calif.: The Narrative Press, 2001), 105.

3. Lingenfelter, *Death Valley & the Amargosa*, 34-35.

4. Manly, *Death Valley in '49*, 106.

5. 위의 책, 99.

6. 위의 책, 113.

7. James E. Deacon and Cynthia Deacon Williams, "Ash Meadows and the Legacy of the Devils Hole Pupfish, in *Battle Against Extinction: Native Fish Management in the American West*, W. L. Minckley and James E. Deacon, eds. (Tucson: University of Arizona Press, 1991), 69에서 인용.

8. Manly, *Death Valley in '49*, 107.

9. Christopher J. Norment, *Relicts of a Beautiful Sea: Survival, Extinction, and Conservation in a Desert World* (Chapel Hill: University of North Carolina, 2014), 110.

10. 이 감시 카메라 영상은 Veronica Rocha, "3 Men Face Felony Charges in Killing of Endangered Pupfish in Death Valley," *Los Angeles Times* (May 13, 2016), latimes.com/local/lanow/la-me-ln-pupfish-charges-20160513-snap-story.html/에 실려 있다.

11. Paige Blankenbuehler, "How a Tiny Endangered Species Put a Man in Prison," *High Country News* (Apr. 15, 2019).

12. Norment, *Relicts of a Beautiful Sea*, 120의 수치를 근거로 계산한 것이다.

13. Manly, *Death Valley in '49*, 13.

14. 위의 책, 64.

15. Henry David Thoreau, *Thoreau's Journals, Vol. 20* (entry from March 23, 1856), 소로우의 구술 자료는 다음을 참고하라. http://thoreau.library. ucsb.edu/writings_journals20.html/.

16. Joel Greenberg, *A Feathered River Across the Sky: The Passenger Pigeon's Flight to Extinction* (New York: Bloomsbury, 2014), 152-155.

17. William T. Hornaday, *The Extermination of the American Bison with a Sketch of Its Discovery and Life History* (Washington, D.C.: Government Printing Office, 1889), 387.

18. Hornaday, *The Extermination of the American Bison*, 525.

19. Aldo Leopold, *A Sand County Almanac*, reprint ed. (New York: Ballantine, 1970), 117.

20. Anthony D. Barnosky et al., "Has the Earth's Sixth Mass Extinction Already Arrived?" *Nature*, 471 (2011) 51-57.

21. 북미 조류 보전 이니셔티브(U.S. North American Bird Conservation Initiative)가 엮은 이 목록의 자세한 내용은 다음을 참고하라. allaboutbirds.org/news/state-of-the-birds-2014-common-birds-in-steep-decline-list/.

22. Caspar A. Hallmann et al., "More than 75 Percent Decline over 27 Years in Total Flying Insect Biomass in Protected Areas," *PLoS ONE*, 12 (2017), journals.plos.org/plosone/article?id=10.1371/journal. pone.0185809/.

23. C. N. Waters et al., "Global Boundary Stratotype Section and Point (GSSP) for the Anthropocene Series: Where and How to Look for Potential Candidates," *Earth-Science Reviews*, 178 (2018), 379-429.

24. Proclamation 2961, 17 Fed. Reg. 691 (Jan. 23, 1952).

25. U.S. Department of Energy, National Nuclear Safety Administration Nevada Field Office, *United States Nuclear Tests: July 1945 through September 1992* (Alexandria, Va.: U.S. Department of Commerce, 2015), 일자별 핵실험의 전체 목록은 다음을 참고하라. nnss.gov/docs/docs_

LibraryPublications/DOE_NV-209_Rev16.pdf/.

26.   Kevin C. Brown, *Recovering the Devils Hole Pupfish: An Environmental History* (National Park Service, 2017), 315에서 이 계획에 대한 설명을 볼 수 있다. 저자는 이 역사를 인터넷에도 공개했다.

27.   위의 책, 142.

28.   위의 책, 145.

29.   위의 책, 139.

30.   위의 책, 303.

31.   Edward Abbey, *Desert Solitaire: A Season in the Wilderness*, reprint ed. (New York: Touchstone, 1990), 126. (에드워드 애비, 《태양이 머무는 곳, 아치스》)

32.   위의 책, 21.

33.   Norment, *Relicts of a Beautiful Sea*, 3-4.

34.   Stanley D. Gehrt, Justin L. Brown, and Chris Anchor, "Is the Urban Coyote a Misanthropic Synanthrope: The Case from Chicago," *Cities and the Environment*, 4 (2011), digitalcommons.lmu.edu/cate/vol4/iss1/3/.

35.   iucnredlist.org/statistics/에서 IUCN이 정리한 '절멸 추정종' 최신 목록을 볼 수 있다.

36.   J. Michael Scott et al., "Recovery of Imperiled Species under the Endangered Species Act: The Need for a New Approach, *Frontiers in Ecology and the Environment*, 3 (2005), 383-389.

37.   Henry David Thoreau, *Walden*, reprint ed. (Oxford: Oxford University, 1997), 10. (헨리 데이비드 소로우, 《월든》)

38.   Mary Austin, *The Land of Little Rain*, reprint ed. (Mineola, N.Y.: Dover, 2015), 61.

39.   Robert R. Miller, James D. Williams, and Jack E. Williams, "Extinctions of North American Fishes During the Past Century," *Fisheries*, 14 (1989), 22-38.

40.   Edwin Philip Pister, "Species in a Bucket," *Natural History* (January

1993), 18.

41. C. Moon Reed, "Only You Can Save the Pahrump Poolfish," *Las Vegas Weekly* (March 9, 2017), lasvegasweekly.com/news/2017/mar/09/pahrump-poolfish-lake-harriet-spring-mountain/.

42. J. R. McNeill, *Something New Under the Sun: An Environmental History of the Twentieth Century World* (New York: Norton, 2000), 194. (J. R. 맥닐, 《20세기 환경의 역사》)

2

1. Richard B. Aronson and William F. Precht, "White-Band Disease and the Changing Face of Caribbean Coral Reefs," *Hydrobiologia*, 460 (2001), 25-38.

2. Alexandra Witze, "Corals Worldwide Hit by Bleaching," *Nature* (Oct. 8, 2015), nature.com/news/corals-worldwide-hit-by-bleaching-1.18527/.

3. Jacob Silverman et al., "Coral Reefs May Start Dissolving When Atmospheric CO_2 Doubles," *Geophysical Research Letters*, 36 (2009), agupubs.online library.wiley.com/doi/full/10.1029/2008GL036282/.

4. O. Hoegh-Guldberg et al., "Coral Reefs Under Rapid Climate Change and Ocean Acidification," *Science*, 318 (2007), 1737-1742.

5. Charles Darwin, *The Voyage of the Beagle* (New York: P. F. Collier, 1909), 406. (찰스 다윈, 《다윈의 비글호 항해기》)

6. Darwin, *Charles Darwin's Beagle Diary*, Richard Darwin Keynes, ed. (Cambridge: Cambridge University, 1988), 418.

7. Janet Browne, *Charles Darwin: Voyaging* (New York: Knopf, 1995), 437. (재닛 브라운, 《찰스 다윈 평전》)

8. Darwin, *On the Origin of Species: A Facsimile of the First Edition* (Cambridge, Mass.: Harvard University, 1964), 84. (찰스 다윈, 장대익 옮김, 《종의 기원》, 사이언스북스, 2019년)

9. 콜럼바라는 이름으로 서명되어 있는, "열두 살에 죽은 사랑하는 공중제비 비둘기를 위한 비문"에서 인용. 전문은 다음을 참고하라. darwinspigeons. com/#/victorian-pigeon-poems/4535732923/.

10. 다윈이 친구 토머스 아이튼에게 보낸 편지에서 인용. Browne, *Charles Darwin*, 525.

11. Darwin, *On the Origin of Species*, 20-21.

12. 위의 책, 109.

13. Bill McKibben, *The End of Nature* (New York: Random House, 1989). (빌 맥키벤, 《자연의 종말》)

14. 해양시뮬레이터 연구원 닐 캔틴이 인터뷰(2019년 11월 15일)에서 제공한 수치다.

15. Robinson Meyer, "Since 2016, Half of All Coral in the Great Barrier Reef Has Died," *The Atlantic* (Apr. 18, 2018), theatlantic.com/science/ archive/2018/04/since-2016-half-the-coral-in-the-great-barrier-reef-has-perished/558302/.

16. Terry P. Hughes et al., "Global Warming Transforms Coral Reef Assemblages," *Nature*, 556 (2018), 492496.

17. Mark D. Spalding, Corinna Ravilious, and Edmund P. Green, *World Atlas of Coral Reefs* (Berkeley: University of California, 2001), 27.

18. 같은 곳.

19. Laetitia Plaisance et al., "The Diversity of Coral Reefs: What Are We Missing?" *PLoS ONE*, 6 (2011), journals.plos.org/plosone/ article?id=10.1371/journal.pone.0025026/.

20. Nancy Knowlton, "The Future of Coral Reefs," *Proceedings of the National Academy of Sciences*, 98 (2001), 5419-5425.

21. Richard C. Murphy, *Coral Reefs: Cities under the Sea* (Princeton, N.J.: The Darwin Press, 2002), 33.

22. Roger Bradbury, "A World Without Coral Reefs," *The New York Times* (July 13, 2012), A17.

23. Great Barrier Reef Marine Park Authority, *Great Barrier Reef Outlook*

Report 2019 (Townsville, Aus.: GBRMPA, 2019), vi. 보고서 전문은 다음을 참고하라. http://elibrary.gbrmpa.gov.au/jspui/handle/11017/3474/.

24. "Adani Gets Final Environmental Approval for Carmichael Mine," *Australian Broadcasting Corporation News* (last updated June 13, 2019), abc.net.au/news/2019-06-13/adani-carmichael-coal-mine-approved-water-management-galilee/11203208/.

25. Jeff Goodell, "The World's Most Insane Energy Project Moves Ahead," *Rolling Stone* (June 14, 2019), rollingstone.com/politics/politics-news/ adani-mine-australia-climate-change-848315/.

26. Darwin, *On the Origin of Species*, 489.

3

1. Josiah Zayner, "How to Genetically Engineer a Human in Your Garage—Part I," josiah zayner.com/2017/01/genetic-designer-part-i.html/.

2. Jennifer A. Doudna and Samuel H. Sternberg, *A Crack in Creation: Gene Editing and the Unthinkable Power to Control Evolution* (Boston: Houghton Mifflin Harcourt, 2017), 119. (제니퍼 다우드나 외, 《크리스퍼가 온다》)

3. Waring Trible et al, "*orco* Mutagenesis Causes Loss of Antennal Lobe Glomeruli and Impaired Social Behavior in Ants," *Cell*, 170 (2017), 727-735.

4. Peiyuan Qiu et al., "BMAL1 Knockout Macaque Monkeys Display Reduced Sleep and Psychiatric Disorders," *National Science Review*, 6 (2019), 87100.

5. Seth L. Shipman et al., "CRISPR-Cas Encoding of a Digital Movie into the Genomes of a Population of Living Bacteria," *Nature*, 547 (2017), 345-349.

6. 내가 방문하고 몇 개월 후, 호주 동물보건연구소 명칭이 호주 질병대비센터

(Australian Centre for Disease Preparedness)로 바뀌었다.

7.   U.S. Fish and Wildlife Service, "Cane Toad (Rhinella marina) Ecological
      Risk Screening Summary," web version (revised Apr. 5, 2018), fws.gov/
      fisheries/ans/erss/highrisk/ERSS-Rhinella-marina-final-April2018.
      pdf/.

8.   L. A. Somma, "Rhinella marina (Linnaeus, 1758)," U.S. Geological
      Survey, *Nonindigenous Aquatic Species Database* (revised Apr. 11,
      2019), nas.er.usgs.gov/queries/FactSheet.aspx?SpeciesID=48/.

9.   Rick Shine, *Cane Toad Wars* (Oakland: University of California, 2018), 7.

10.   Byron S. Wilson et al., "Cane Toads a Threat to West Indian Wildlife:
      Mortality of Jamaican Boas Attributable to Toad Ingestion," *Biological
      Invasions*, 13 (2011), link.springer.com/article/10.1007/s10530-010-
      9787-7/.

11.   Shine, *Cane Toad Wars*, 21.

12.   Benjamin L. Phillips et al., "Invasion and the Evolution of Speed in
      Toads," *Nature*, 439 (2006), 803.

13.   Karen Michelmore, "Super Toad," *Northern Territory News* (Feb. 16,
      2006), 1.

14.   Shine, *Cane Toad Wars*, 4. 다음 글도 참고하라. "The Biological Effects,
      Including Lethal Toxic Ingestion, Caused by Cane Toads (*Bufo marinus*):
      Advice to the Minister for the Environment and Heritage from the
      Threatened Species Scientific Committee (TSSC) on Amendments
      to the List of Key Threatening Processes under the Environment
      Protection and Biodiversity Conservation Act 1999 (EPBC Act)"
      (Apr. 12, 2005), environment.gov.au/biodiversity/threatened/key-
      threatening-processes/biological-effects-canetoads/.

15.   House of Representatives Standing Committee on the Environment
      and Energy, *Cane Toads on the March: Inquiry into Controlling the
      Spread of Cane Toads* (Canberra: Commonwealth of Australia, 2019), 32.

16.   Robert Capon, "Inquiry into Controlling the Spread of Cane Toads,

Submission 8" (Feb. 2019). 자세한 내용은 다음을 참고하라. aph.gov.
au/Parliamentary_Business/Committees/House/Environment_and_
Energy/Canetoads/Submissions/.

17. Naomi Indigo et al., "Not Such Silly Sausages: Evidence Suggests
Northern Quolls Exhibit Aversion to Toads after Training with Toad
Sausages," *Austral Ecology*, 43 (2018), 592-601.

18. Austin Burt and Robert Trivers, *Genes in Conflict: The Biology of
Selfish Genetic Elements* (Cambridge, Mass.: Belknap, 2006), 4-5.

19. 위의 책, 3.

20. 위의 책, 13-14.

21. James E. DiCarlo et al., "Safeguarding CRISPR-Cas9 Gene Drives in
Yeast," *Nature Biotechnology*, 33 (2015), 1250-1255.

22. Valentino M. Gantz and Ethan Bier, "The Mutagenic Chain Reaction:
A Method for Converting Heterozygous to Homozygous Mutations,"
Science, 348 (2015), 442-444.

23. 다우드나와 스턴버그는 만일 유전자 드라이브 초파리가 탈출하면 전 세
계 초파리의 20~50%에게 노란색 유전자를 전파할 것이라고 추정한다. *A
Crack in Creation*, 151.

24. GBIRd 웹사이트를 참고하라. geneticbiocontrol.org/.

25. Thomas A. A. Prowse, et al., "Dodging Silver Bullets: Good
CRISPR Gene-Drive Design Is Critical for Eradicating Exotic
Vertebrates," *Proceedings of the Royal Society B*, 284 (2017),
royalsocietypublishing.org/doi/10.1098/rspb.2017.0799/.

26. Richard P. Duncan, Alison G. Boyer, and Tim M. Blackburn,
"Magnitude and Variation of Prehistoric Bird Extinctions in the
Pacific," *Proceedings of the National Academy of Sciences*, 110 (2013),
64366441.

27. Elizabeth A. Bell, Brian D. Bell, and Don V. Merton, "The Legacy
of Big South Cape: Rat Irruption to Rat Eradication," *New Zealand
Journal of Ecology*, 40 (2016), 212-218.

28. Lee M. Silver, *Mouse Genetics: Concepts and Applications* (Oxford: Oxford University, 1995), adapted for the Web by Mouse Genome Informatics, The Jackson Laboratory (revised Jan. 2008), informatics. jax.org/silver/.

29. Alex Bond, "Mice Wreak Havoc for South Atlantic Seabirds," *British Ornithologists' Union*, bou.org.uk/blog-bond-gough-island-mice-seabirds/.

30. Rowan Jacobsen, "Deleting a Species," *Pacific Standard* (June-July 2018, updated Sept. 7, 2018), psmag.com/magazine/deleting-a-species-genetically-engineering-an-extinction/.

31. Jaye Sudweeks et al., "Locally Fixed Alleles: A Method to Localize Gene Drive to Island Populations," *Scientific Reports*, 9 (2019), doi. org/10.1038/s41598-019-51994-0/.

32. Bing Wu, Liqun Luo, and Xiaojing J. Gao, "Cas9-Triggered Chain Ablation of Cas9 as Gene Drive Brake," *Nature Biotechnology*, 34 (2016), 137-138.

33. 리바이브 앤드 리스토어 웹사이트를 참고하라. reviverestore.org/ projects/.

34. Dr. Seuss, *The Cat in the Hat Comes Back* (New York: Beginner Books, 1958), 16.

35. Edward O. Wilson, *The Future of Life* (New York: Vintage, 2002), 53. (에드워드 윌슨, 《생명의 미래》)

36. Wilson, *Half-Earth: Our Planet's Fight for Life* (New York: Liveright, 2016), 51. (에드워드 윌슨, 《지구의 절반》)

37. Paul Kingsnorth, "Life Versus the Machine," *Orion* (Winter 2018), 28-33.

하늘 위로 올라가다

1

1. William F. Ruddiman, *Plows, Plagues, and Petroleum: How Humans Took Control of Climate* (Princeton, N.J.: Princeton University, 2005), 4. (윌리엄 F. 러디먼, 《인류는 어떻게 기후에 영향을 미치게 되었는가》)

2. 시대별 배출량 수치는 Hannah Ritchie and Max Roser, "CO_2 and Greenhouse Gas Emissions," *Our World in Data* (last revised Aug. 2020), ourworldindata.org/CO2-and-other-greenhouse-gas-emissions/에서 인용했다.

3. Benjamin Cook, "Climate Change Is Already Making Droughts Worse," *CarbonBrief* (May 14, 2018), carbonbrief.org/guest-post-climate-change-is-already-making-droughts-worse/.

4. Kieran T. Bhatia et al., "Recent Increases in Tropical Cyclone Intensification Rates," *Nature Communications*, 10 (2019), doi.org/10.1038/s41467-019-08471-z/.

5. W. Matt Jolly et al., "Climate-Induced Variations in Global Wildfire Danger from 1979 to 2013," *Nature Communications*, 6 (2015), doi.org/10.1038/ncomms8537/.

6. A. Shepherd et al., "Mass Balance of the Antarctic Ice Sheet from 1992 to 2017," *Nature*, 558 (2018), 219-222.

7. Curt D. Storlazzi et al., "Most Atolls Will Be Uninhabitable by the Mid-21st Century Because of Sea-Level Rise Exacerbating Wave-Driven Flooding," *Science Advances*, 25 (2018), advances.sciencemag.org/content/4/4/eaap9741/.

8. 파리협정 전문은 다음을 참고하라. unfccc.int/files/essential_background/convention/application/pdf/english_paris_agreement.pdf/.

9. 온도 상승을 1.5℃, 2℃ 아래로 유지할 때의 CO_2 배출량을 계산하는 방

법은 여러 가지다. 나는 메르카토르 세계 공유 자산 및 기후 변화 연구소 (Mercator Research Institute on Global Commons and Climate Change)의 "잔여 탄소 배출 허용 총량(remaining carbon budget)" 수치를 사용했으며, 이 수치에 대해서는 다음을 참고하라. mcc-berlin.net/en/research/CO2-budget.html/.

10. K. S. Lackner and C. H. Wendt, "Exponential Growth of Large Self-Reproducing Machine Systems," *Mathematical and Computer Modelling*, 21 (1995), 55-81.

11. Wallace S. Broecker and Robert Kunzig, *Fixing Climate: What Past Climate Changes Reveal About the Current Threat—and How to Counter It* (New York: Hill and Wang, 2008), 205.

12. Klaus S. Lackner and Christophe Jospe, "Climate Change Is a Waste Management Problem," *Issues in Science and Technology*, 33 (2017), issues.org/climate-change-is-a-waste-management-problem/.

13. Lackner and Jospe, "Climate Change Is a Waste Management Problem."

14. Chris Mooney, Brady Dennis, and John Muyskens, "Global Emissions Plunged an Unprecedented 17 Percent during the Coronavirus Pandemic," *The Washington Post* (May 19, 2020), washingtonpost.com/climate-environment/2020/05/19/greenhouse-emissions-coronavirus/?arc404=true/.

15. 개별 탄소 분자는 대기와 대양 사이, 그리고 전 세계의 식물들 사이를 끊임없이 순환한다. 그러나 대기 중 CO_2 농도는 그보다 훨씬 느린 프로세스에 의해 좌우된다. 이에 관한 더 자세한 논의는 다음을 참고하라. Doug Mackie, "CO_2 Emissions Change Our Atmosphere for Centuries," *Skeptical Science* (last updated July 5, 2015), skepticalscience.com/argument.php?p=1&t=77&&a=80/.

16. 모든 수치는 다음 자료를 인용했다. Hannah Ritchie, "Who Has Contributed Most to Global CO_2 Emissions?" *Our World in Data* (Oct. 1, 2019), ourworldindata.org/contributed-most-global-CO2/.

17. Sabine Fuss et al., "Betting on Negative Emissions," *Nature Climate Change*, 4 (2014), 850-852.

18. J. Rogelj et al., "Mitigation Pathways Compatible with 1.5°C in the Context of Sustainable Development," in *Global Warming of 1.5°C: An IPCC Special Report*, V. Masson-Delmotte et al., eds., Intergovernmental Panel on Climate Change (Oct. 8, 2018), ipcc.ch/site/assets/uploads/sites/2/2019/02/SR15_Chapter2_Low_Res.pdf/.

19. 항공 여행이 발생시키는 탄소 배출량은 계산하기 어렵고 동일한 여정에 대해서도 사람들마다 다른 추정치를 내놓는다. 나는 myclimate.org/의 비행 탄소 계산기를 사용했다.

20. Jean-Francois Bastin et al., "The Global Tree Restoration Potential," *Science*, 364 (2019), 76-79.

21. Katarina Zimmer, "Researchers Find Flaws in High-Profile Study on Trees and Climate," *The Scientist* (Oct. 17, 2019), the-scientist.com/news-opinion/researchers-find-flaws-in-high-profile-study-on-trees-and-climate—66587. DOI: 10.1126/science.aay7976/.

22. Joseph W. Veldman et al., "Comment on 'The Global Tree Restoration Potential,'" *Science*, 366 (2019), science.sciencemag.org/content/366/6463/eaay7976/.

23. Ning Zeng, "Carbon Sequestration Via Wood Burial," *Carbon Balance and Management*, 3 (2008), doi.org/10.1186/1750-0680-3-1/.

24. Stuart E. Strand and Gregory Benford, "Ocean Sequestration of Crop Residue Carbon: Recycling Fossil Fuel Carbon Back to Deep Sediments," *Environmental Science and Technology*, 43 (2009), 1000-1007.

25. Zeng, "Carbon Sequestration Via Wood Burial."

26. Jessica Strefler et al., "Potential and Costs of Carbon Dioxide Removal by Enhanced Weathering of Rocks," *Environmental Research Letters* (March 5, 2018), dx.doi.org/10.1088/1748-9326/aaa9c4/.

27. Olúfẹ́mi O. Táíwò, "Climate Colonialism and Large-Scale Land Acquisitions," C2G (Sept. 26, 2019), c2g2.net/climate-colonialism-and-large-scale-land-acquisitions/.

2

1. Clive Oppenheimer, *Eruptions that Shook the World* (New York: Cambridge University, 2011), 299.
2. 위의 책, 310.
3. 상가르 족장의 이 증언은 위의 책, 299에서 인용했다.
4. 동인도회사의 한 선장이 한 말로, Gillen D'Arcy Wood, *Tambora: The Eruption that Changed the World* (Princeton, N.J.: Princeton University, 2014), 21에서 인용했다. (길런 다시 우드, 《세계사를 바꾼 화산 탐보라》)
5. South Dakota State University, "Undocumented Volcano Contributed to Extremely Cold Decade from 1810-1819," *ScienceDaily* (Dec. 7, 2009), sciencedaily.com/releases/2009/12/091205105844.htm/.
6. Oppenheimer, *Eruptions that Shook the World*, 314에서 인용.
7. William K. Klingaman and Nicholas P. Klingaman, *The Year Without Summer: 1816 and the Volcano That Darkened the World and Changed History* (New York: St. Martin's, 2013), 46.
8. Wood, *Tambora*, 233.
9. Klingaman and Klingaman, *The Year Without Summer*, 64에서 인용.
10. 위의 책, 104.
11. Oppenheimer, *Eruptions that Shook the World*, 312에서 인용.
12. James Rodger Fleming, *Fixing the Sky: The Checkered History of Weather and Climate Control* (New York: Columbia University, 2010), 2.
13. 이는 팀 플래너리의 평가로 Mark White, "The Crazy Climate Technofix," *SBS* (May 27, 2016), sbs.com.au/topics/science/earth/feature/geoengineering-the-crazy-climate-technofix/에서 인용했다.

14.   Holly Jean Buck, *After Geoengineering: Climate Tragedy, Repair, and Restoration* (London: Verso, 2019), 3.

15.   Dave Levitan, "Geoengineering Is Inevitable," *Gizmodo* (Oct. 9, 2018), earther.gizmodo.com/geoengineering-is-inevitable-1829623031/.

16.   "Global Effects of Mount Pinatubo," *NASA Earth Observatory* (June 15, 2001), earthobservatory.nasa.gov/images/1510/global-effects-of-mount-pinatubo/.

17.   William B. Grant et al., "Aerosol-Associated Changes in Tropical Stratospheric Ozone Following the Eruption of Mount Pinatubo," *Journal of Geophysical Research*, 99 (1994), 8197-8211.

18.   President's Science Advisory Committee, *Restoring the Quality of Our Environment: Report of the Environmental Pollution Panel* (Washington, D.C.: The White House, 1965), 126.

19.   위의 자료, 123.

20.   위의 자료, 127.

21.   H. E. Willoughby et al., "Project STORMFURY: A Scientific Chronicle 1962-1983," *Bulletin of the American Meteorological Society*, 66 (1985), 505-514.

22.   Fleming, *Fixing the Sky*, 180.

23.   National Research Council, *Weather & Climate Modification: Problems and Progress* (Washington, D.C.: The National Academies Press, 1973), 9.

24.   Fleming, *Fixing the Sky*, 202에서 인용.

25.   Nikolai Rusin and Liya Flit, *Man Versus Climate*, Dorian Rottenberg, trans. (Moscow: Peace Publishers, 1962), 61-63.

26.   위의 책, 174.

27.   David W. Keith, "Geoengineering the Climate: History and Prospect," *Annual Review of Energy and the Environment*, 25 (2000), 245-284.

28.   Mikhail Budyko, *Climatic Changes*, American Geophysical Union, trans. (Baltimore: Waverly, 1977), 241.

29. 위의 책, 236.

30. Joe Nocera, "Chemo for the Planet," *The New York Times* (May 19, 2015), A25.

31. David Keith, Letter to the Editor, *The New York Times* (May 27, 2015), A22.

32. David Keith, *A Case for Climate Engineering* (Cambridge, Mass.: MIT, 2013), xiii.

33. Wake Smith and Gernot Wagner, "Stratospheric Aerosol Injection Tactics and Costs in the First 15 Years of Deployment," *Environmental Research Letters*, 13 (2018), doi.org/10.1088/1748-9326/aae98d/.

34. 2017년에 지출된 전 세계 화석 연료 보조금 총액은 5조 2000억 달러에 달하는 것으로 추정된다. David Coady et al., "Global Fossil Fuel Subsidies Remain Large: An Update Based on Country-Level Estimates," *IMF* (May 2, 2019). 자세한 사항은 다음을 참고하라. imf.org/en/Publications/WP/Issues/2019/05/02/Global-Fossil-Fuel-Subsidies-Remain-Large-An-Update-Based-on-Country-Level-Estimates-46509/.

35. Smith and Wagner, "Stratospheric Aerosol Injection Tactics and Costs."

36. 위의 글.

37. Ben Kravitz, Douglas G. MacMartin, and Ken Caldeira, "Geoengineering: Whiter Skies?" *Geophysical Research Letters*, 39 (2012), doi.org/10.1029/2012GL051652/.

38. Alan Robock, "Benefits and Risks of Stratospheric Solar Radiation Management for Climate Intervention (Geoengineering)," *The Bridge* (Spring 2020), 59-67.

39. Dan Schrag, "Geobiology of the Anthropocene," in *Fundamentals of Geobiology*, Andrew H. Knoll, Donald E. Canfield, and Kurt O. Konhauser, eds. (Oxford: Blackwell Publishing, 2012), 434.

3

1. Erik D. Weiss, "Cold War Under the Ice: The Army's Bid for a Long-Range Nuclear Role, 1959-1963," *Journal of Cold War Studies*, 3 (2001), 31-58에서 인용.

2. *The Story of Camp Century: The City Under Ice* (U.S. Army film 1963, digitized version 2012).

3. Ronald E. Doel, Kristine C. Harper, and Matthias Heymann, "Exploring Greenland's Secrets: Science, Technology, Diplomacy, and Cold War Planning in Global Contexts," in *Exploring Greenland: Cold War Science and Technology on Ice*, Ronald E. Doel, Kristine C. Harper, and Matthias Heymann, eds. (New York: Palgrave, 2016), 16.

4. Kristian H. Nielsen, Henry Nielsen, and Janet Martin-Nielsen, "City Under the Ice: The Closed World of Camp Century in Cold War Culture," *Science as Culture*, 23 (2014), 443-464.

5. Willi Dansgaard, *Frozen Annals: Greenland Ice Cap Research* (Odder, Denmark: Narayana Press, 2004), 49.

6. Jon Gertner, *The Ice at the End of the World: An Epic Journey Into Greenland's Buried Past and Our Perilous Future* (New York: Random House, 2019), 202.

7. Dansgaard, *Frozen Annals*, 55.

8. W. Dansgaard et al., "One Thousand Centuries of Climatic Record from Camp Century on the Greenland Ice Sheet," *Science*, 166 (1969), 377-380.

9. Richard B. Alley, *The Two-Mile Time Machine: Ice Cores, Abrupt Climate Change, and Our Future* (Princeton: Princeton University, 2000), 120.

10. 위의 책, 114.

11. 이 수치는 이 책의 출간 직전에 그린란드 빙상에서 불의의 사고로 사망한 콘라드 슈테펜이 제시한 것으로, 다음 자료에서 인용했다. Gertner, "In

Greenland's Melting Ice, A Warning on Hard Climate Choices," *e360* (June 27, 2019), e360.yale.edu/features/in-greenlands-melting-ice-a-warning-on-hard-climate-choices/.

12. A. Shepherd et al., "Mass Balance of the Greenland Ice Sheet from 1992 to 2018," *Nature*, 579 (2020), 233-239.

13. Marco Tedesco and Xavier Fettweis, "Unprecedented Atmospheric Conditions (1948-2019) Drive the 2019 Exceptional Melting Season over the Greenland Ice Sheet," *The Cryosphere*, 14 (2020), 1209-1223.

14. Ingo Sasgen et al., "Return to Rapid Ice Loss in Greenland and Record Loss in 2019 Detected by GRACE-FO Satellites," *Communications Earth & Environment*, 1 (2020), doi.org/10.1038/s43247-020-0010-1/.

15. Eystein Jansen et al., "Past Perspectives on the Present Era of Abrupt Arctic Climate Change," *Nature Climate Change*, 10 (2020), 714-721.

16. Peter Dockrill, "U.S. Army Weighs Up Proposal For Gigantic Sea Wall to Defend N.Y. from Future Floods," *ScienceAlert* (Jan. 20, 2020), sciencealert.com/storm-brewing-over-giant-6-mile-sea-wall-to-defend-new-york-from-future-floods/.

17. John C. Moore et al., "Geoengineer Polar Glaciers to Slow Sea-Level Rise," *Nature*, 555 (2018), 303-305.

18. 앤디 파커가 한 이 말은 다음 매체에 인용되었다. Brian Kahn, "No, We Shouldn't Just Block Out the Sun," *Gizmodo* (Apr. 24, 2020), earther.gizmodo.com/no-we-shouldnt-just-block-out-the-sun-1843043812/.

* 30쪽   MGMT. design
* 31쪽   MGMT. design
* 41쪽   MGMT. design
* 44쪽   © Ryan Hagerty, U.S. Fish and Wildlife Service
* 58쪽   MGMT. design
* 63쪽   © Drew Angerer/Getty Images
* 72쪽   The Historic New Orleans Collection, 1974.25.11.2
* 87쪽   © Danita Delimont/Alamy Stock Photo
* 103쪽   National Park Service Photo by Brett Seymour/Submerged Resources Center
* 105쪽   MGMT. design, adapted from Alan C. Riggs and James E. Deacon, "Connectivity in Desert Aquatic Ecosystems: The Devils Hole Story."
* 114, 115쪽   Photos by Phil Pister, California Department of Fish and Wildlife and Desert Fishes Council, Bishop, CA.
* 136쪽   Originally published in Charles Darwin, *Animals and Plants Under Domestication*, vol. 1.
* 139쪽   MGMT. design
* 143쪽   Photo: © Wilfredo Licuanan, courtesy of Corals of the World, coralsoftheworld.org

그림 출처

* 153쪽   © James Craggs, Horniman Museum and Gardens
* 164쪽   MGMT. design
* 166쪽   Photo: Arthur Mostead Photography, AMPhotography.com. au
* 169쪽   MGMT. design
* 175쪽   MGMT. design
* 195쪽   Courtesy of U.S. Department of Energy/Pacific Northwest National Laboratory
* 205쪽   MGMT. design, adapted from Zeke Hausfather, based on data from *Global Warming of 1.5°C: An IPCC Special Report.*
* 208쪽   MGMT. design, adapted from *Global Warming of 1.5°C: An IPCC Special Report*, figure 2.5.
* 215쪽   MGMT. design
* 219쪽   © Iwan Setiyawan/AP Photo/KOMPAS Images
* 224쪽   MGMT. design
* 229쪽   Courtesy of soviet-art.ru.
* 233쪽   MGMT. design, adapted from David Keith
* 246쪽   Photo by Pictorial Parade/Archive Photos/Getty Images
* 247쪽   Photo by US Army/Pictorial Parade/Archive Photos/Getty Images
* 249쪽   MGMT. design
* 253쪽   MGMT. design, adapted from Kurt M. Cuffey and Gary D. Clow, "Temperature, Accumulation, and Ice Sheet Elevation in Central Greenland Through the Last Deglacial Transition," *Journal of Geophysical Research* 102 (1997).

엘리자베스 콜버트 Elizabeth Kolbert

언론인이자 작가. 2015년 퓰리처상 논픽션 부문 수상자.

예일 대학교 졸업 후 풀브라이트 장학 프로그램의 수혜자로 선정되어 독일 함부르크 대학교에서 수학했다. 당시 《뉴욕타임스》의 독일 특파원으로 활동하게 되면서 언론인으로서의 경력을 시작했다. 미국에 돌아온 뒤에는 《뉴욕타임스》 올버니 지국장을 역임하는 등 15년 가까이 신문사에서 기자로 일하면서 정치, 사회 분야의 기사를 써왔다. 현장을 직접 발로 뛰면서 현실을 냉정하게 직시하고 메시지를 날카롭게 전달하는 콜버트의 기본적인 스타일은 그렇게 만들어졌다.

1999년, 〈뉴요커〉로 자리를 옮긴 콜버트는 초기에 주로 정계 인사들과 관가의 이슈를 중심으로 글을 썼다. 미국 부패 정치인의 대명사인 일명 '보스' 트위드부터 블룸버그 당시 뉴욕 시장, 힐러리 당시 상원 의원에 이르기까지 뉴욕을 무대로 활동한 정치인을 다룬 글들은 콜버트의 첫 번째 책인 《사랑의 예언자: 그리고 권력과 거짓에 대한 이야기(The Prophet of Love: And Other Tales of Power and Deceit)》에 담겼다. 훗날 콜버트는 뉴욕주 작가 협회와의 인터뷰에서 "신문사에서는 모든 핵심 정보를 기사의 첫머리에 담았지만, 잡지사에서는 독자들이 글을 끝까지 읽게 해야만 했다"고 말하며 새로운 환경에서 겪었던 어려움을 고백하기도 했다. 뉴욕 대학교 저널리즘학과 웹진과의 인터뷰에서는 "프랑스어에 능통해졌는데 중국으로 파견된 것 같았다"고 표현하며 "글쓰기를 다시 배워야 했다"고 말하기도 했다. 이러한 시간을 거치면서 적절한 위트와 유머로 독자의 시선을 부드럽게 붙잡는 스타일이 더해졌다. 그 결과 이해관계가 복잡하게 얽혀 있어 다루기 어려운 사안을 쉽게 설명하고 독자를 설득해내는 콜버트 특유의 스토리텔링 기법이 완성될 수 있었다.

1989년 출간된 빌 맥키벤의 베스트셀러 《자연의 종말》을 접하면서 환경 문제에 관심을 갖게 된 콜버트는 2000년 겨울, 당시만 해도 정기적으로 환경 문제에 대한 글을 쓰는 필진이 없던 〈뉴요커〉 지면을 통해 '제너럴 일렉트릭의 독성 화합물 허드슨강 방류' 문제를 지적하면서 환경 문제를 정면으로 다루기 시작했다.

2001년, 콜버트는 빙하 코어를 활용한 기후 연구를 계기로 그린란드에서 1년간 머물게 되었다. 이때의 경험을 계기로 지구 온난화가 어려운 이론이 아닌, '토론할 필요가 없을' 정도로 지금 당장 눈앞에서 일어나고 있는 현실임을 깨닫고 대중에게 알려야 한다는 사명감을 갖게 되었다. 그 이후로는 모두가 애써 외면하는 전 지구적 문제에 대해 대중의 인식을 제고하고 인류의 책임을 강조하고자 열정적으로 활동하고 있다.

2005년, "The Climate of Man"라는 제목으로 〈뉴요커〉에 연재한 기후 위기 3부작은 미국 사회에 큰 반향을 일으켰고, 이듬해에 '내셔널 매거진 어워드 공익상'을 받았다. 또한 이 연재를 바탕으로 출간한 《재앙에 대한 현장 보고서(Field Notes from a Catastrophe)》로는 환경 부문을 포함한 5개 영역에서 혁신적 공헌자에게 수여하는 '하인즈 어워드'를 받았다. 2009년 봄, 〈뉴요커〉에 쓴 "The Sixth Extinction?"라는 글은 후에 콜버트에게 '퓰리처상'을 포함한 여러 수상의 영예와 국제적 명성을 안겨준 《여섯 번째 대멸종》의 근간이 되었다.

이 외에도 미국 과학진흥협회 저널리즘 어워드(2005), 래넌 문학상 (2006), 내셔널 아카데미 커뮤니케이션 어워드(2006), 내셔널 매거진 어워드 평론상(2010), 구겐하임 펠로우십 과학 저술상(2010), 실 어워드 환경 저널리즘 부분(2017) 등을 받았다.

옮긴이 **김보영**

고려대학교 산림자원학과 및 사회학과를 졸업하고 같은 대학교 대학원에서 석사 학위 취득 및 박사 과정을 수료했다. 번역에 관심이 많아 이후 성균관대학교 번역·TESOL 대학원에 진학해 공부하며 다양한 도서의 번역을 했다. 대학원 졸업 후 현재는 출판 번역 에이전시 베네트랜스에서 번역가로 활동하며 다양한 도서의 검토와 번역을 진행하고 있다. 우리말로 옮긴 책으로는 《제3의 장소》, 《맥도날드 그리고 맥도날드화》, 《놀라움의 해부》, 《구름 속의 학교》, 《감시 자본주의 사회》 등이 있다.

화이트 스카이

2022년 9월 17일 초판 1쇄 | 2022년 9월 18일 4쇄 발행

지은이 엘리자베스 콜버트 **옮긴이** 김보영
펴낸이 박시형, 최세현

책임편집 김선도 **디자인** 박선향
마케팅 이주형, 양근모, 권금숙, 양봉호 **온라인마케팅** 신하은, 정문희, 현나래
디지털콘텐츠 김명래, 최은정, 김혜정 **해외기획** 우정민, 배혜림
경영지원 홍성택, 이진영, 임지윤, 김현우, 강신우
펴낸곳 쌤앤파커스 **출판신고** 2006년 9월 25일 제406-2006-000210호
주소 서울시 마포구 월드컵북로 396 누리꿈스퀘어 비즈니스타워 18층
전화 02-6712-9800 **팩스** 02-6712-9810 **이메일** info@smpk.kr

ⓒ 엘리자베스 콜버트 (저작권자와 맺은 특약에 따라 검인을 생략합니다)
ISBN 979-11-6534-553-2 (03400)

쌤앤파커스(Sam&Parkers)는 독자 여러분의 책에 관한 아이디어와 원고 투고를 설레는 마음으로 기다리고 있습니다.
책으로 엮기를 원하는 아이디어가 있으신 분은 이메일 book@smpk.kr로 간단한 개요와 취지, 연락처 등을 보내주세요.
머뭇거리지 말고 문을 두드리세요. 길이 열립니다.